柑橘种植技术专家谈

柑橘整形修剪
新技术图说

郑朝耀　主编

永州市柑桔科学研究所组编

湖南科学技术出版社·长沙

编写人员名单

主　　编：郑朝耀

副 主 编：盛金付　廖家艳

参编人员：夏龙腾　陈祥国　卢佳云　曾　群

　　　　　李云松　宋　婷　田碧权

（参编人员单位：永州市柑桔科学研究所）

彩图 1-1　道县月岩国有林场坦里源分场山林

彩图 1-2　道县野橘自然生态群落

彩图 1-3　道县野橘原生态树形

彩图 1-4　道县野橘栽培树形

彩图 5-1　近干挂果

彩图 5-2　换干

彩图 5-3　潜伏芽的萌发

彩图 5-4　换枝

彩图 6-1　一干三枝树形

彩图 6-2　三主枝开心形树形

彩图 6-3　三主枝开心形树形

彩图 6-4　三主枝香柱形树形

彩图 6-5　三主枝香柱形树形

彩图 6-6　三主枝主干形树形

彩图 6-7　三主枝塔形树形　　　彩图 6-8　三主枝二层形树形

彩图 6-9　老树形主枝结构杂乱

彩图 6-10　老树形自然圆头形结果状

彩图 7-1　枳壳断根

彩图 7-2　容器苗根系生长状况

容器苗定植后根系生长状况

须根分布深 20 cm

彩图 7-3　容器苗断根

幼年老树形改造修剪前　　　　　　幼年老树形改造修剪后

成年老树形改造修剪前　　　　　　成年老树形改造修剪后

彩图 9-1　老树形改造

彩图 10-1　撩壕与改土

序

　　修剪作为柑橘栽培管理中的一项重要技术，普遍受到重视。科学合理的修剪，可以有效促进果树的健康生长，延长丰产期，提高果实产量和质量，增强抗逆能力。修剪适当与否，直接关乎柑橘的生产效益。

　　为了帮助广大柑橘种植者了解并掌握修剪技术，由永州市柑桔科学研究所组织编写，郑朝耀先生主编的《柑橘整形修剪新技术图说》应运而生。郑朝耀先生自 1963 年从湖南农学院（现湖南农业大学）园艺系果树专业毕业以来，在柑橘生产一线耕耘超过六十年。在他的工作历程中，从未离开柑橘生产这一领域，无论在道县农业农村局，还是永州市柑桔科学研究所，抑或是永州市农业农村局，他始终坚守在柑橘生产的最前沿，郑老用实际行动诠释了他对柑橘的热爱和执着。

　　我与郑老的缘分，可以追溯到我在中澳柑橘示范场工作的青年时期。20 世纪 80 年代初，我刚从果树专业毕业，初出茅庐，满怀着对柑橘产业的憧憬和好奇，却缺少实战经验。正在此时，我有幸遇到了郑老。他不仅是我技术上的导师，也在生活上给予我无微不至的关怀与指导。每次走进果园，他都会耐心地向我讲解各种柑橘技术，无论是修剪、育苗还是病虫害防治，他总是倾囊相授。郑老那种专注与热情深深感染了我，让我对柑橘栽培有了更深入的理解和更强的热爱，在实践中，他成了我的柑橘导师。

我反复研读了《柑橘整形修剪新技术图说》书稿，书中不仅凝聚了郑老多年来的心血和智慧，更体现了其丰富的实践经验和创新精神。全书共分为十个部分，对柑橘的树形变化、修剪理论的阐述颇有新意，对修剪技术的描述全面且详尽。

本书最为显著的特点在于其实操性极强。郑老将自己在长期实践中积累的经验和改进的技术毫无保留地分享给读者，使得本书不单是一本技术指导书，更是一本实践操作手册。书中大量图文并茂的实例，使得读者在阅读过程中能够直观地理解和掌握柑橘修剪技术，为实际操作提供了极大的便利。

本书还从柑橘栽培的整体要求出发，介绍了与修剪相关的栽培技术，包括柑橘容器育苗、山地建园和病虫害防治等。不是脱离柑橘栽培，孤立地谈论修剪，而是"在栽培中论修剪，修剪时不忘栽培"，具有很高的应用价值。

本书的读者群体广泛，不仅适合专业的柑橘种植者，也适用于农业技术推广人员和相关领域的科研人员。对于那些希望提升柑橘种植管理水平的农民朋友而言，本书无疑像一位良师益友。它不仅为读者提供了科学的理论指导，更为实际操作提供了珍贵的参考。

《柑橘整形修剪新技术图说》的出版，是郑老六十年柑橘生涯的心血结晶，也是郑老不断探索的丰硕成果。他的经验与智慧，犹如一座无价的宝藏，为广大柑橘种植者提供了极具价值的借鉴。郑老师始终紧扣时代脉搏，从最初的传统修剪手段到当下的新技术探索，持续创新并优化修剪技术。期待本书能够为广大柑橘种植者提供切实有效的技术支持，同时，也期望广大读者能像郑老一样，积极探索新技术，推动柑橘栽培技术的持续进步。

2024 年 7 月 26 日

序作者邓子牛为湖南农业大学二级教授，博士生导师，享受国务院政府特殊津贴专家，中国柑橘学会原理事长，兼任国际柑橘学会执委、湖南省柑橘协会会长、南岭柑橘研究院院长等职务。

前 言

柑橘整形修剪是为了充分利用空间，最大限度提高叶片光合效率，使柑橘树形成生长有序、层次分明的丰产树形，以达到高产、稳产、优质的目标。

柑橘整形修剪技术在不断改变和发展，20 世纪 80 年代后，中外技术交流推动了我国柑橘整形修剪技术的进步。尤其是近年来，全国各产区出现了很多柑橘整形修剪新理念、新技术、新方法，在生产实践中产生了极好的整形修剪效益。湖南省农业农村厅印发的《关于推进水果产业高质量发展的十条措施》（湘农发〔2024〕4 号）文件中，把树形改造和简化修剪技术列入柑橘低改的重要内容。为落实这一精神，搞好湖南省柑橘老树形改造，推广柑橘修剪新技术，促进柑橘产业的发展，永州市柑桔科学研究所特组织编写此书，以供广大生产者和科技人员学习参考。

本书共十章，以图说文。第一章是"柑橘整形修剪与树形变化"，介绍了柑橘树从原生态树形到栽培树形的变化；第二章是"柑橘整形修剪新理念"，主要是对阳光、叶片光合作用、柑橘生物学特性、种植技术、修剪方法及效益等的新认识；第三章是"与整形修剪有关的柑橘生物学特性"；第四章、第五章主要讲解柑橘整形修剪的新方法，有些新方法是第一次写入书中；第六章是"柑橘三主枝树形"，这是对新树形形成的初步设想和归纳；第七章、第八章、第九章是以新的树形为基础，介绍幼年树整形修剪、结果树修剪和老树形改造的实用技术和操作方法，这是本书的中心内容；第十章是"柑橘整形修剪与果园管理"，包括土、肥、水和病虫害防治配套技术运用，增强果园的综合管理效果，以求产生更大的整形修剪效益。

本书由主编郑朝耀老师带领永州市柑桔科学研究所青年科技人员编写。郑朝耀老师长期在柑橘生产一线从事技术推广工作，是享受国务院特殊津贴的专家。20 世纪 80 年代初，郑老师曾担任"中澳柑橘合作项目"中方技术负责人，他不但具有扎实的理论知识，还有与时俱进的实践经验。2010 年，郑老师参与由湖南农业大学博士生导师谢深喜教授主编的《图解柑橘整形修剪》一书的编写。2015 年，他编写的《郑朝耀 50 年柑橘种植经验》一书由湖南科学技术出版社出版。他在柑橘建园、育苗、树体和花果管理、病虫害防治等，特别是在整形修剪技术方面具有丰富的实践经验，本书也总结了他几十年的经验方法。如今他已 86 岁高龄，仍退休不退业，时常深入果园进行技术指导和服务。

本书共收集照片 42 幅，源于郑老师和考察组在产区各地拍摄。书稿中的插图都由郑老师绘制。本书的物候期以永州地区气候为准，永州市属中亚热带，北纬 24°39′~26°51′，是柑橘的适宜栽培区。各地学习应用此书的修剪技术、方法要结合当地的气候进行调整，灵活应用。

感谢湖南农业大学邓子牛教授为本书作序。编写书稿时，为了更好地贴近生产实际，得到第一手资料，参编人员曾到江西吴老三果园、四川龙腾果业、广西聚诚农业发展有限公司、永州市部分果园等进行考察和调查，并得到热情接待和指导，在此一并致以衷心感谢。由于参编人员都是年轻人，经验不足、水平有限，加之时间仓促，很难把近年来全国各种柑橘整形修剪的新技术、新方法理解好和归纳总结全面。书稿中如有不足之处，敬请各位读者批评指正。

永州市柑桔科学研究所

盛金付　廖家艳

2024 年 4 月 28 日

目　录

第一章　柑橘整形修剪与树形变化 ………………………………… 1

一、柑橘树形的变化及影响因素 …………………………… 1

（一）原生态柑橘树形 ………………………… 1

（二）自然柑橘树形的变化 …………………… 2

（三）栽培柑橘树形的变化 …………………… 4

（四）柑橘树形变化对柑橘产量和品质的影响 …… 8

（五）柑橘树形变化的影响因素 ……………… 9

二、我国柑橘树形的发展 …………………………………… 10

（一）20 世纪 50 年代前的柑橘树形 ………… 10

（二）20 世纪 50 年代后柑橘的主要树形 …… 12

（三）新世纪推广的主要柑橘树形 …………… 15

三、国内外柑橘整形修剪技术的现状与发展 …………… 15

（一）国外的柑橘整形修剪技术 ……………… 16

（二）我国柑橘整形修剪技术的发展 ………… 20

第二章　柑橘整形修剪新理念 …………………………………… 24

一、充分利用阳光，提高叶片光合效率 ………………… 24

（一）阳光是柑橘种植的廉价资源 …………… 24

（二）柑橘对光照的要求 ……………………… 26

（三）增强叶片光合作用，提高光合效率 …… 27

（四）搞好整形修剪，充分利用阳光 ………… 28

二、充分利用柑橘生物学特性，促进生长和结果 …… 30

（一）充分利用生长季，促进枝梢生长，快速成形投产
　　……………………………………………………… 30
（二）充分利用各类枝梢，增加产量，提高品质…… 31
（三）利用生长结果分区，近干挂果，优化树形结构
　　……………………………………………………… 32
三、增大行距，调整种植密度 ……………………………… 32
（一）柑橘密植的弊病 …………………………………… 32
（二）对不同种植密度的评价 ………………………… 34
（三）柑橘种植密度的最佳选择 ……………………… 36
四、控制产量，提升品质 …………………………………… 37
（一）控制产量是生产发展的需要 …………………… 37
（二）提升品质是生产发展的出路 …………………… 38
（三）搞好整形修剪，促使品质提升 ………………… 39
五、简化修剪技术，规范修剪方法 ………………………… 40
（一）统一整形修剪标准 ……………………………… 41
（二）简化整形修剪技术 ……………………………… 41
（三）规范整形修剪方法 ……………………………… 41
第三章　与整形修剪有关的柑橘生物学特性 ……………… 42
一、植物学性状 ……………………………………………… 42
（一）芽 ………………………………………………… 42
（二）梢 ………………………………………………… 43
（三）枝 ………………………………………………… 47
（四）叶 ………………………………………………… 55
（五）根 ………………………………………………… 56
二、生物学特性 ……………………………………………… 58
（一）芽的性质 ………………………………………… 58
（二）顶芽自剪 ………………………………………… 59
（三）顶端优势 ………………………………………… 59

（四）花芽分化 ………………………………… 60

（五）分枝角 …………………………………… 61

（六）生理落果 ………………………………… 61

（七）地下地上相关性 ………………………… 63

三、品种特性 …………………………………… 63

（一）生长势 …………………………………… 63

（二）树姿 ……………………………………… 64

（三）枝梢生长状态 …………………………… 65

第四章　柑橘整形修剪的基本方法 ………… 67

一、整形修剪的基本方法 ……………………… 67

（一）短截及其利用 …………………………… 67

（二）疏剪及其利用 …………………………… 70

（三）回缩及其利用 …………………………… 74

（四）拉枝、撑枝、吊枝 ……………………… 76

（五）拿枝、曲枝、扭枝 ……………………… 78

（六）环割、环剥、环扎 ……………………… 79

（七）断根 ……………………………………… 81

（八）疏花疏果 ………………………………… 82

二、修剪工具选择与正确使用 ………………… 84

（一）枝剪的选择与使用 ……………………… 84

（二）手锯的选择与使用 ……………………… 86

三、大树修剪操作顺序 ………………………… 89

（一）树冠调整修剪 …………………………… 89

（二）主枝明细修剪 …………………………… 90

第五章　柑橘整形修剪新方法 ……………… 92

一、整形修剪新方法 …………………………… 92

（一）蓄留领导枝 ……………………………… 92

（二）近干挂果 ………………………………… 93

（三）剪口芽选留 ·················· 95

（四）伤干拉枝 ··················· 97

（五）刻芽 ····················· 98

二、整形修剪的特别方法 ·············· 100

（一）换干换枝 ·················· 100

（二）抹芽放梢 ·················· 101

（三）以果（梢）换梢 ·············· 103

（四）二次放梢 ·················· 105

（五）避虫修剪 ·················· 105

三、修剪方法的灵活应用 ·············· 108

（一）留桩修剪 ·················· 108

（二）戴帽修剪 ·················· 110

（三）徒长枝改造利用 ·············· 111

第六章　柑橘三主枝树形 ·············· 113

一、三主枝树形的来源与成形 ············ 113

（一）三主枝树形的来源 ············· 113

（二）三主枝树形的成形与完善 ·········· 114

二、三主枝树形的名称与类型 ············ 118

（一）三主枝树形的名称 ············· 118

（二）三主枝树形的类型 ············· 118

三、三主枝树形的特点 ··············· 120

（一）科学性 ··················· 120

（二）适用性 ··················· 121

（三）标准性 ··················· 121

四、三主枝树形与老树形的区别 ··········· 122

（一）骨干枝数量 ················· 122

（二）树冠形状 ·················· 123

（三）结果部位 ·················· 123

（四）蓄留领导枝 ···················· 123

（五）生长结果分工分区 ············· 123

五、三主枝树形数字化模式结构 ············· 123

（一）树形数字化模式结构 ············· 123

（二）树形结构解说 ················· 124

第七章　柑橘幼树整形修剪 ············· 129

一、幼苗培育 ······················· 129

（一）嫁接苗培养 ················· 129

（二）幼苗假植 ··················· 132

二、幼树整形修剪 ··················· 138

（一）幼树整形修剪技术分析 ········· 138

（二）主干培养 ··················· 140

（三）主枝培养 ··················· 143

（四）副主枝培养 ················· 146

（五）结果短枝培养 ··············· 147

（六）整形修剪技术的灵活应用 ······· 148

第八章　柑橘结果树修剪 ··············· 151

一、结果树修剪技术分析 ··············· 151

（一）一年一剪 ··················· 152

（二）一年两剪 ··················· 152

（三）一年三剪 ··················· 152

（四）一年四剪 ··················· 152

二、幼年结果树修剪（4～6年生或8年生） ······· 153

（一）生长结果特点 ··············· 153

（二）修剪原则 ··················· 153

（三）修剪方法 ··················· 153

三、成年结果树修剪（10～20年生或30年生） ······· 159

（一）生长结果特点 ··············· 159

（二）修剪原则 ············ 160

（三）修剪方法 ············ 160

四、大小年树修剪 ············ 163

（一）大年树修剪技术 ············ 164

（二）小年树修剪技术 ············ 164

五、老年结果树修剪（30 年以上） ············ 165

（一）生长结果特点 ············ 165

（二）修剪原则 ············ 165

（三）修剪方法 ············ 165

六、几个柑橘品种高品质修剪技术要点 ············ 165

（一）温州蜜柑 ············ 166

（二）纽荷尔脐橙 ············ 168

（三）沃柑 ············ 169

（四）沙田柚 ············ 170

（五）爱媛 28 号 ············ 172

（六）金柑 ············ 173

七、"三一"栽培修剪技术的改进与应用 ············ 175

（一）"三一"栽培修剪技术 ············ 175

（二）"三一"栽培修剪技术的优点 ············ 176

（三）"三一"栽培修剪技术的改进与应用 ············ 177

八、结果树修剪口诀 ············ 178

（一）修剪方法 ············ 178

（二）修剪后树冠形状 ············ 179

九、结果树修剪注意事项 ············ 180

（一）控制修剪量，维持平衡关系 ············ 180

（二）加强生长季修剪，减少无效生长 ············ 181

（三）强化技能人员培训，打造专业修剪队伍 ············ 181

（四）分期修剪，逐步完善 ············ 181

第九章　柑橘老树形改造 ································· 182

　一、统一认识，积极推进柑橘老树形改造 ·········· 182

　　（一）市场竞争激烈 ······························· 183

　　（二）提升品质，降低生产成本 ················ 183

　　（三）提高果园机械化水平 ······················· 183

　二、柑橘老树形的现状 ····························· 184

　　（一）柑橘老树形存在的弊病 ·················· 184

　　（二）形成的原因 ······························· 185

　三、老树形改造的技术措施与方法 ················ 187

　　（一）调整种植密度 ··························· 187

　　（二）树形改造方法 ··························· 190

　　（三）老年大树改造 ··························· 200

　　（四）小老树树形改造 ························· 202

　　（五）老树形改造与品种改良 ·················· 203

　四、树形改造实例分析 ····························· 205

　　（一）老方法树形改造 ························· 205

　　（二）新方法树形改造 ························· 206

　五、树形改造成效及应用前景 ···················· 209

　　（一）改造效果 ······························· 209

　　（二）推广应用 ······························· 210

第十章　柑橘整形修剪与果园管理 ················· 212

　一、整形修剪与土壤管理 ························· 212

　　（一）柑橘根系特性 ··························· 213

　　（二）柑橘根系适宜生长的土壤环境 ··········· 214

　　（三）柑橘根系生长与整形修剪的关系 ········· 215

　　（四）做好土壤改良，促进树体生长 ··········· 215

　二、整形修剪与肥料管理 ························· 217

　　（一）柑橘对肥料的需要 ······················· 218

（二）科学施肥，提高整形修剪效果 …………… 220

三、整形修剪与水分管理…………………………………… 223

（一）柑橘对水分的需要 ………………………… 223

（二）永州地区降水特点 ………………………… 224

（三）水分管理措施与方法 ……………………… 224

（四）合理灌水，发挥整形修剪作用 …………… 229

四、整形修剪与病虫害防治………………………………… 230

（一）柑橘整形修剪与病虫害管理的关系 ………… 230

（二）柑橘主要病虫害种类 ……………………… 231

（三）柑橘病虫害综合防治 ……………………… 234

（四）合理利用修剪技术，科学防治病虫害 ……… 235

（五）避虫修剪技术 ……………………………… 236

参考文献……………………………………………………… 238

第一章　柑橘整形修剪与树形变化

一、柑橘树形的变化及影响因素

（一）原生态柑橘树形

永州市道县是湖南省柑橘老产区，早在一千多年前就有"金橘出营道者，为天下冠"的美誉（营道即今道县）。1958年，在果树资源普查中，道县野生柑橘被发现。1962年，经时任中国农业科学院柑橘研究所所长曾勉先生和湖南省园艺研究所所长贺善文先生鉴定确认为野生橘，后命名为"道县野橘"。

永州市野生柑橘资源丰富，是中国柑橘的起源地之一。发现的道县野橘属于柑橘属后生柑橘亚属的一个自然野生种，是宽皮柑橘栽培种的近缘野生种。

自然原生态的道县野橘树形是圆形的。1963年11月，笔者到道县打鼓坪林场（后属双牌县）深山中采集道县野橘果实标本。第一次看到自然生长的道县野橘树形，随后几次又到都庞岭（属南岭）山系中的道县月岩国有林场坦里源分场（彩图1-1）和江永县高泽源国有林场等山中考察，观察到自然生态群落的道县野橘（彩图1-2），树形都是大大小小、生长不同的高干圆头形（彩图1-3）。其圆头形状随树龄变化，由幼年结果树的倒圆

1

锥形到成年结果树的圆头形，再到老年结果树的扁圆形，最后到衰老树的月圆形，整个过程都是圆形变化（图1-1）。1974年由道县柑橘研究所用种子播种，后由永州市柑桔科学研究所在野生树上压条，经种植生长得到的成年结果树树形也都是圆头形、扁圆形（彩图1-4），这就是道县野橘的基本生物学特性。

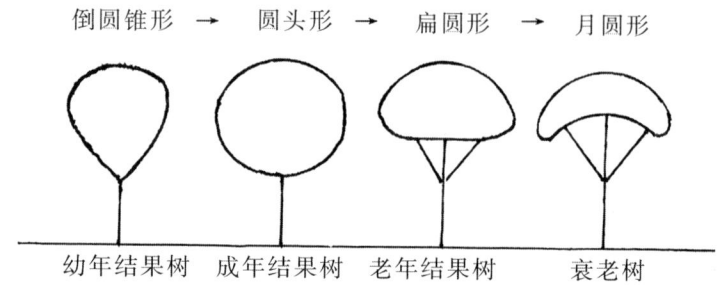

倒圆锥形 → 圆头形 → 扁圆形 → 月圆形

幼年结果树　　成年结果树　　老年结果树　　　衰老树

图1-1　道县野橘树形变化图

道县野橘的发现对柑橘整形修剪具有深远的意义。道县野橘作为一种自然生长的柑橘种类，其独特的生长形态和适应性为柑橘整形修剪提供了宝贵的自然样本和参考。观察和分析道县野橘的生长特点，了解其在不同环境条件下的生长习性和适应机制，能为柑橘整形修剪提供更为科学的理论依据。道县野橘的存在有助于我们更深入地了解柑橘树体的生长规律和生理特性，有利于推动柑橘整形修剪技术的创新和发展。

（二）自然柑橘树形的变化

自然生长的柑橘树形呈现为圆头形、扁圆形和自然开心形的变化，这一特性是其在长期自然选择和生长过程中逐渐形成的。在原生环境中，柑橘受到光照、水分、土壤等多种自然因素的影响，这些因素共同作用于树体的生长和发育，从而塑造出独特的圆形树形。柑橘树的圆形树形变化过程主要分为以下四个阶段。

1. **幼苗期**

在幼苗期，柑橘主要任务是扎根土壤，吸收养分，为日后的生长打下坚实基础。此时的树形矮小紧凑，尚未展现出明显的圆形特征。

2. **生长期**

在阳光、水分和土壤等自然条件的共同作用下，树冠开始逐渐扩大，主枝和侧枝不断分生，形成层次丰富的圆形树冠。此时，柑橘树开始展现出明显的圆形特征，这种形状有利于最大限度地接收阳光，提高叶片光合作用效率，促进树体健壮生长。

3. **成年期**

在此时期，柑橘树冠进一步稳定，圆形特征更加明显。此时的树冠表面凹凸有致，内部和外围的枝条分布均衡，形成了理想的圆形树形。这种树形不仅美观，而且有利于果实的均匀分布和生长，提高柑橘产量和品质。

4. **衰老期**

柑橘树冠逐渐收缩，但仍保持着圆形的特征。虽然树体开始衰老，但圆形树冠仍然能够有效地利用阳光，维持树体的基本生长需求。

除自然因素的影响外，柑橘树形还与其生物学特性密切相关。柑橘树具有较强的适应性和生命力，能够在各种环境条件下生长，其枝条柔软且易于弯曲，这使得树冠在生长过程中能够自然形成圆头形、扁圆形和自然开心形。此外，柑橘树根系发达，能够有效地吸收土壤中的养分和水分，为树冠的生长提供充足的养分。

柑橘树形的自然形成过程受到多种自然因素和柑橘树自身生物学特性的共同作用。这种自然形成的树形有利于柑橘的生长和发育。在栽培过程中，我们可以充分利用这些特性，通过科学合理的管理措施来调控树形的变化，实现柑橘高产优质的栽培目标。

（三）栽培柑橘树形的变化

1. 树形随树龄变化

栽培柑橘树形随树龄而变化。柑橘幼树没有形成一定的形状，幼年结果树为倒圆锥形，成年结果树为圆头形，老年结果树是扁圆形，与自然生长的树形表现一致（图1-2）。

幼年结果树　　　　成年结果树　　　　老年结果树

图1-2　树形随树龄变化

（1）幼年树

柑橘的幼年树通常呈现出较为紧凑且矮小的树形，主干相对较短，树冠尚未完全展开，枝梢生长稀疏。此时的树冠开始呈现出倒圆锥形的初步特征，主枝开始均匀分布，但尚未形成明显的中心干。这一时期的树冠层次相对紧凑，易于开展整形管理。

（2）幼年结果树

此时期的柑橘树树冠逐渐扩大，主枝和副主枝的数量增加，树冠的层次变得更加丰富。此时，根据栽培需求和修剪方式的不同，柑橘可能逐渐由倒圆锥形发展出圆头形的特征。

（3）成年结果树

此时期的柑橘树树冠进一步扩大，树形更加稳定。此时的树冠形成了明显的圆头树形。树冠内部和外围的枝条分布趋于平衡，产量和品质达到高峰。

（4）老年结果树

此时期的柑橘营养生长逐渐减弱，枝梢生长量少，树由离心生长转为向心生长，树冠由圆头形逐渐转为扁圆形。

不同品种、不同栽培条件下的柑橘，其树形变化可能会有所差异。树形的变化还受到修剪、施肥、病虫害防治等管理措施的影响。因此，在生产中，应根据具体情况进行科学合理的管理，以促进柑橘的健康生长和实现柑橘的高产优质。

2. 树形随苗木繁殖方式变化

柑橘繁殖的方式分为实生繁殖、压条和扦插繁殖、嫁接繁殖，不同繁殖方式使柑橘在生长过程中形成的树形有一定的差异（图1-3）。

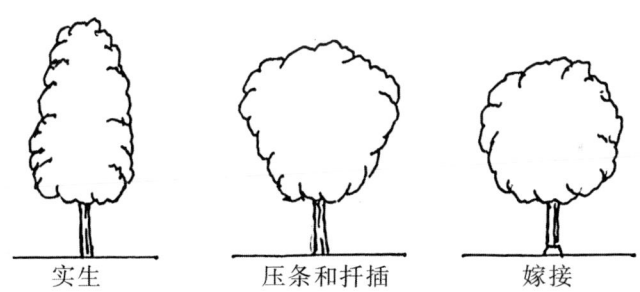

实生　　　　　压条和扦插　　　　嫁接

图1-3　树形随苗木繁殖方式变化

（1）实生繁殖

实生繁殖指用种子繁殖。由于种子具有遗传多样性，因此通过实生繁殖的柑橘树形可能表现出原生态形状，呈现出圆锥形、圆筒形。

（2）压条和扦插繁殖

压条和扦插繁殖的柑橘通常继承了母株的遗传特性，因此在树形上与母株较为相似。如果母株具有特定的树形，如圆头形或长圆头形，那么压条和扦插苗也呈现出相似的树形。

（3）嫁接繁殖

嫁接繁殖的柑橘树形主要取决于接穗和砧木的特性。接穗品种的生长习性、树冠形态等会在一定程度上决定嫁接后柑橘树形，而砧木的生长速度和根系特性也会对树形产生一定影响。因此，嫁接繁殖的柑橘树形可能呈现出多种形态，包括圆锥形、圆头形、扁圆形和开心形等。

3. 树形随修剪方法变化

整形修剪是栽培柑橘树形变化的主要因素，表现最为突出的是湖南省溆浦县柑橘树形。此地柑橘栽培历史悠久，群众经验丰富，栽培修剪技术在湖南名列前茅。20 世纪 50 年代以前，溆浦县柑橘的结果枝、结果母枝和结果枝组的修剪技术，就写进了1960 年出版的《中国果树栽培学》。当时该县柑橘修剪形成了三派，各派均有其修剪特点。

（1）宝塔派

树形为塔形（图 1-4），塔形树有一个粗壮的中心主干，以维持其对侧枝的领导优势，沿中心主枝上分 3~4 层，排列 7~8 个主枝，形成下大上小的塔形。因此，在修剪过程中，需要特别注意保持中心主干的生长优势，确保其主导地位；在培养主枝的过程中，要注重其生长角度和方向，使之形成合理的骨架结构；同时，对过密枝、内膛枝和树冠中下部较弱的枝梢进行适当疏删，保持树冠的通风透光性。塔形结构可以使树体保持较好的生长势。塔形结构具有合理的骨架和层次，树冠内部通风透光条件良好，有利于进行光合作用和果实的生长发育。可以充分利用光能，使树冠内外都能结果，且负载力强，不易出现大小年现象，因此产量高且稳定。塔形结构树冠高大、层次分明，便于进行修剪、施肥、喷药等管理措施。塔形修剪精细，精细到每个枝，内无弱枝、枯枝，叶片寿命2～3年，叶叶做功，枝枝结果。

（2）圆头派

树形为圆头伞形（图1-5），内膛小枝剪光，树冠呈自然的圆头状，无明显中心干，主枝分布均匀，树冠紧凑，结果表现良好。优点是柑橘果实整体着色好，品质佳，大小分布均匀。缺点是叶面积小，绿叶层很薄，产量低，易出现大小年。要改善这些问题，可以考虑采取加强修剪的措施，适时剪去顶上部中心大枝，疏剪部分外围密枝（俗称"开天窗"），以改善树冠内部光照，增加内膛结果，延长丰产年限。圆头派树形以低庄镇为代表。

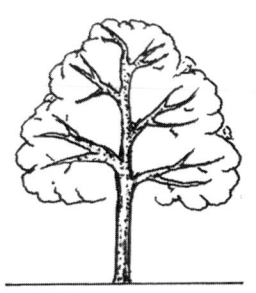 

图1-4　塔形树形示意图　　图1-5　圆头伞形树形示意图

（3）扇形派

树形为主干圆筒形（图1-6），主枝分6～8个分层生长，每个主枝与副主枝、侧枝被修剪成扇形状。扇形派树形成型后，以主枝为单位呈扁平状，像一把展开的扇子。枝条分布均匀，层次分明，绿叶层厚且通风透光性好；树体生长势强，产量高且果实品质优良。同时，扇形树的柑橘具有早结、丰产的特点，树体结构好，单株产量高，能够在较短的时间内达到较高的经济效益。但整形难度稍大，相比其他树形，扇形树的整形需要更多的技术和经验，尤其是在幼树期的整形修剪过程中，需要严格控制枝条的生长方向和角度；扇形派树对土壤肥力和气候条件的要求较高，若土壤贫瘠或气候条件不佳，可能会影响树冠的形成和果实品质。扇形派树形以双井镇洞底湾村为代表。

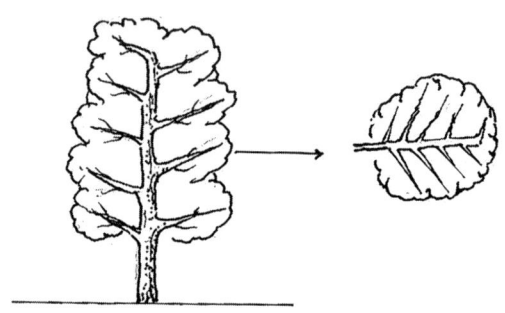

图 1-6　主干圆筒形树形示意图

（四）柑橘树形变化对柑橘产量和品质的影响

柑橘树形变化的规律对柑橘的产量和质量具有显著的影响。

1. 对产量的影响

树形对产量的影响主要体现在树势和光照条件上。适宜的树形有助于增加有效挂果面积，保持中庸的树势，既不过强也不过弱，从而有利于结果，形成较高的产量。过强的树势可能导致枝条过于旺长，同时也会消耗过多的养分，影响树体营养积累，果实难以发育，进而影响产量。而树势过弱则会导致果实数量减少，品质下降。合理的树形能够确保树冠内部光照条件良好，使得叶片能够充分进行光合作用，提高光能利用率，从而增加产量。

2. 对品质的影响

树形对柑橘的果实品质也有重要影响。一方面，适宜的树形有利于果实着色、糖度提升和果实大小的均匀。中庸的树势所结出的果实通常着色较好，糖度较高，果实大小适中，品质上乘。另一方面，不良的树形会导致果实品质下降，枝条直立集中的树形通风透光差，病虫害难以防治，影响果实品质。

果农在栽培过程中应充分了解树形变化规律，采取科学的管理措施，以塑造出理想的树形结构，提高柑橘的产量和品质。同时，还需要注意防范自然灾害和病虫害的侵袭，以保障柑橘的健康生长和产量稳定。

（五）柑橘树形变化的影响因素

柑橘树形变化规律受到多种因素的影响，这些因素相互作用，共同塑造了柑橘的最终形态。主要影响因素如下。

1. 生长环境

柑橘的生长环境对其树形变化起着重要作用。光照、水分、土壤等因素都会直接影响树形的生长。光照充足的环境有助于树冠的均匀扩展，水分和土壤养分的充足与否，则关系到树体生长的健壮程度和树冠的繁茂度。而干旱、洪涝等自然灾害和病虫害会对柑橘生长和树形造成不良影响，导致树势衰弱、树冠变形、枝条枯死等，进而影响树形的变化规律。

2. 生物学特性

不同柑橘品种具有不同的生长习性和树形特点，有些品种的自然生长习性倾向于形成开张的树形，而有些品种则倾向于形成直立紧凑的树形，这些品种特性会影响树形的变化。同时，随着树龄的增长，柑橘的形态会发生显著变化，幼苗期树冠较小，随着生长，树冠逐渐扩大，枝条增多，形成特定的树形结构。

3. 整形修剪方法

人为整形修剪管理对柑橘树形变化具有重要影响。修剪、施肥、灌溉等管理措施可以调控树冠的生长速度和形状。通过合理的管理措施，扩大树冠采光面积，增强树体通透性，促进柑橘生长，塑造出科学合理的树形结构。同时，通过把握柑橘不同生长阶段的树形变化规律，采取相应的整形修剪方法来干预树形变化，以达到预期的效果。

以上影响因素中，整形修剪方法目前对柑橘树形变化起决定性作用，随着对柑橘修剪技术研究的深入，人们发现和总结出许多有助于柑橘生长和结果的新方法。

二、我国柑橘树形的发展

（一）20 世纪 50 年代前的柑橘树形

根据栽培的需要，在 20 世纪 50 年代前后，我国各柑橘产区因地制宜栽培柑橘，形成了各种不同的树形，如高和矮、圆和扁，都是圆头树形的变化和树干的高矮不同造成的。代表树形有以下四种。

1. 广东普宁蕉柑——矮干圆头形

广东普宁的蕉柑在 20 世纪 70 年代前都是由种在水田的嫁接苗培育，只能采用矮干圆头形树形（图 1-7）。一是由于其种在水田，地下水位高，栽培要起高垄，树冠高不便于管理，树矮管理方便；二是水田土地价位高，需要作物收益快、收入高，矮干形树形分枝低，容易早结高产；三是受黄龙病影响，柑橘寿命短，密植矮干就是最佳的选择。但这种树形分枝集中，从属不明。由于采用"抹芽放梢"的特别技术，结果母枝齐头并生，易早结高产，也极易衰老、寿命短。

图 1-7 矮干圆头形树形示意图

2. 重庆江津锦橙——高干圆头形

重庆江津的锦橙是实生繁殖，老果园都种在长江两岸的冲积土地上，当地人多地少，土地要常年套种其他作物，以种蔬菜最多。所以这里的锦橙，主干在 120~150 cm，树冠呈半圆伞形，枝条稀疏、绿叶层薄（图 1-8）。该树形有利于人在树下劳作，不用弯腰，且枝稀叶薄，阳光通透，套种作物生长好，缺点是增加了柑橘管理难度。

图 1-8 高干圆头形树形示意图

3. 湖南衡东草市甜橙——特高干圆头形

湖南衡东的甜橙种在洣水河畔，洣水一年涨 2～3 次洪水，多的时候一年 4～5 次，涨水时果园会被全部淹没，所以在湖南衡东草市，种植者会选用实生苗，培养 2 cm 高的特高主干（图 1-9）。这样每次洪水发生时只淹到树干，绿叶体还露在水面以上，洪水淹几天都不会受影响，照常开花结果。缺点是管理困难、打药不方便，采果要使用 5 m 的高梯，易发生安全事故。此外，主干培养也困难，尽管是实生苗，干性强，但培养这种高干要通过两次换干才能长成。

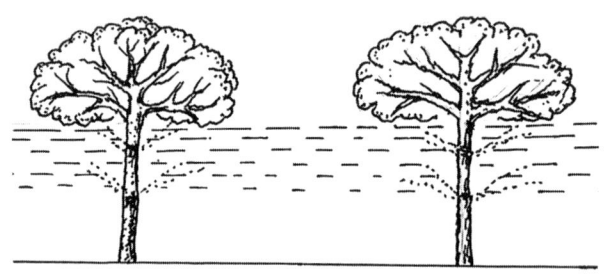

图 1-9 特高干圆头形树形示意图

4. 湖南道县水南滑皮橘——阔扁圆形

道县是湖南柑橘老产区，柑橘种植在潇水河畔，砂壤土，松透肥沃，土层深厚。这里的柑橘种得稀，株距 7～8 m，实生苗，采用特殊丛植种植（图 1-10）。定植每穴种 3 棵苗，并在苗下垫瓦片，阻止主根向下长，促使水平根生长，以带动树主枝水平扩张，冠幅 7～8 m，株产高的达 500 kg。缺点是成形慢，投产迟，管理采果困难。

（二）20 世纪 50 年代后柑橘的主要树形

20 世纪 50 年代后，随着柑橘繁殖方式由实生繁殖转变为嫁

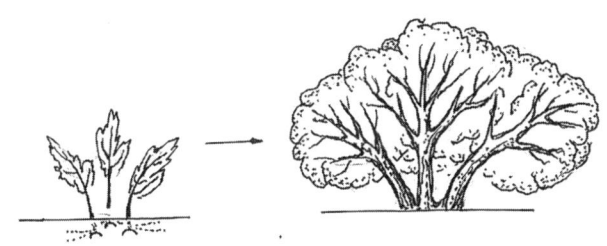

图 1 - 10 阔扁圆形树形示意图

接繁殖，柑橘种植形成了三种常用树形。

1. 自然圆头形

自然圆头形是最常见的一种树形（图 1 - 11）。主干高
25～35 cm，主枝 3～5 个，分 2～3 年培养形成。一层主枝 3 个，
上层主枝与一层主枝错开，不重叠。每个主枝配副主枝 2～3 个，
分生在主枝两侧，每个副主枝上配置 2～3 个侧枝和多个结果枝
组。每个侧枝按 20～25 cm 距离蓄留结果枝组。这种树形适应柑
橘自然结果习性，容易成形，培育要求不高，修剪量少，投产
快，结果早，适用于多数柑橘品种。缺点是树形的主枝、副主枝
的从属关系不明显，进入盛果期后，由于枝叶密度大，树冠郁闭，
内膛光照不良，产量不稳定，易形成大小年结果，树势易衰退。

图 1 - 11 自然圆头形树冠结构

2. 自然开心形

自然开心形主干高 20～30 cm，主枝 3 个，主枝向外斜生、中心开口，每个主枝上配副主枝 3～4 个，分生在主枝两侧，每个副主枝上配侧枝 2～3 个，在主枝、副主枝、侧枝上均匀配置结果枝组（图 1-12）。这种树形修剪量少，成形快，结果早，易丰产，特别适合温州蜜柑等喜光的品种。缺点是枝梢呈丛性生长，通过短截、抹芽放梢后，易出现平头，种植密度大的会过早封行，树冠郁闭。

图 1-12　自然开心形树冠结构　　图 1-13　变则主干形树冠结构

3. 变则主干形

变则主干形又称塔形或圆筒形（图 1-13）。主干高 30～40 cm，主枝 5～6 个，一般分 2～3 层，一层主枝 3 个，二层主枝 2 个，方位与一层主枝错开。树势旺的品种可留第三层，主枝 1 个。下层每个主枝上配副主枝 3～4 个，上层每个主枝上配副主枝 2～3 个，每个副主枝上配侧枝 2～3 个。在副主枝、侧枝上，按一定距离配置多个结果枝组，使上下、内外结果。这种树形适应树势较强的柚类和甜橙品种，具有明显的中心干，树冠高大，绿叶层厚，主枝分布均匀，配置合理，通风透光好，产量高，树体骨架坚固负荷力强。缺点是树形主枝多，造形较难，若配置不合理，会造成内膛郁闭。

（三）新世纪推广的主要柑橘树形

进入 21 世纪以来，柑橘树形推广最为成功的是"一干三枝"树形。树形主干高 30～40 cm，主干上预留 3 个方向不同、生长错位的主枝。每个主枝配备 3 个副主枝，在副主枝、侧枝上均匀配置多个结果枝组。"一干三枝"的核心是三枝，实现"大枝稀，小枝密，挂果不费力"的目的，形成主次有序、层次分明、骨架清晰、结构完整、科学合理的树形。

三、国内外柑橘整形修剪技术的现状与发展

整形修剪即对树体的形状进行改变，得到有利于最佳生长效果的树形和树体结构，我们通过这种方法来控制柑橘果树的生长，以得到高产稳产的树形结构。

整形与修剪两者相互补充，要得到高产稳产树形，需要根据柑橘本身的特性，因地制宜、因势利导、因树整形。针对不同的品种、树龄、生长季节，对柑橘进行整形修剪，这样才能获得最佳生长状态的树形结构。

柑橘整形修剪技术的发展是一个长期而复杂的过程，它不仅涉及园艺学、植物生理学等多个学科的知识，还受到地域、气候、品种以及栽培管理方式等多种因素的影响。随着科学技术的进步和农业生产水平的提高，柑橘整形修剪技术也在不断地创新，为柑橘产业的可持续发展提供有力的技术支撑。

在古代，人们对柑橘树的修剪可能更多地依赖于经验和直觉，修剪方式相对简单，主要目的是保持树体健康和提高果实产量。然而，由于缺乏科学理论指导，修剪效果往往参差不齐，难

以达到理想的产量和品质。

随着整形修剪技术的不断完善，人们开始更加注重修剪的时机和力度。在不同的生长阶段和气候条件下，柑橘对修剪的反应会有所不同。因此，科学的整形修剪需要根据树体的生长状况、环境条件和栽培目标来制订具体的修剪方案。在幼树期，修剪的主要目的是培养树冠骨架和促进新梢生长；而在结果期，修剪则需注重调整树体结构，平衡营养生长和生殖生长的关系，以提高果实产量品质。

现代农业技术快速发展，柑橘整形修剪也开始向标准化、规范化、智能化方向发展。一些先进的果园已经开始应用无人机、智能传感器等设备进行树冠扫描和数据分析，以实现更加精准的修剪操作。这些技术的应用不仅可以提高修剪效率，还可以减少人为因素的影响，使修剪效果更加稳定可靠。

整形修剪技术的发展也推动了柑橘品种改良和栽培管理技术的创新。通过选择适宜的修剪方式和采用科学的栽培管理措施，可以进一步提高柑橘树的抗病虫害能力，促进产量和品质的提升。

尽管柑橘整形修剪技术取得了显著的进步，但仍然存在一些挑战和问题。不同地区的气候和土壤条件差异较大，需要针对具体情况制订合适的修剪方案；同时，随着劳动力成本的上升和环保要求的提高，如何降低修剪成本、提高修剪效率并减少对环境的负面影响，也是未来需要解决的问题。

（一）国外的柑橘整形修剪技术

修剪为柑橘栽培中最基础的关键技术，根据品种、树龄、树势、结果习性、气候条件和实践经验，可以科学合理地进行整形和修剪，以达到通风透光、丰产优质的目的。同时，修剪后病虫害防控、施肥和采摘等管理措施也得以提升和优化。目前国外柑橘整形修剪技术主要分人工和机械两种。

1. 人工整形修剪技术

柑橘人工整形修剪，是对柑橘进行科学、合理的修剪和管理，促进其健康生长和高产优质。除中国外，人工整形修剪技术主要在日本、西班牙等国家应用。

（1）技术特点

在日本，一是整形修剪强调精细化，通过对柑橘生长过程的各种影响因素进行深入研究分析，制订出一套完善的整形修剪方案，培养科学合理的自然圆头形树形（图1-14）；二是非常重视整形修剪技术培训，通过定期举办培训班、讲座等形式，传授整形修剪技术，提高种植者的修剪技术水平；三是建立一套完善的整形修剪技术考核体系，确保种植者能够熟练掌握整形修剪技术；四是注重科学化的管理，通过精确地测量和计算，确定每一棵树的修剪方式，以达到最佳的修剪效果；五是注重环保，日本的修剪工具都是专门设计的，既能保证修剪的效果，又能减少对环境的影响。日本的柑橘整形修剪技术根据柑橘的生长阶段和环境条件，灵活调整修剪策略，以适应各种变化，使得其柑橘产业在全球范围内具有竞争力，也为我国柑橘产业的发展提供了有益的借鉴。

在西班牙，主要体现在对幼树整形的高度重视，以及为实现高产而进行的精细管理。西班牙柑橘在苗圃内就形成了三主枝树冠骨架，这样的设计使得大苗定植后突出树体的一致性，有利于形成整齐、合理的树形，为未来的高产打下良好基础，使后期的修剪工作相对简便且高效。在树冠形成前，修剪工作相对较少，主要让树体自然生长。结果后，主要修剪徒长枝、直立枝和采果

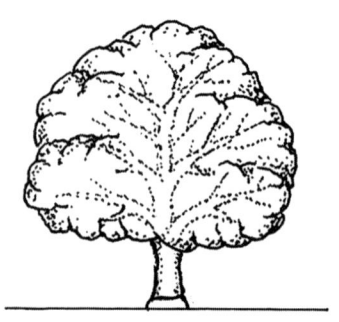

图 1-14　自然圆头形树形示意图

后的拖地枝，以保持树体的通风透光，提高果实品质。盛果期后，会进行回缩修剪，以更新树冠，延长盛果期年限。而且西班牙柑橘修剪技术还注重与施肥、灌溉等管理措施的结合，形成了一套完整的柑橘栽培体系。西班牙柑橘修剪技术以幼树整形为基础，通过简便而高效的修剪方法，结合其他管理措施，实现了柑橘的高产和优质。这些技术特点使得西班牙柑橘产业在全球市场上也很有竞争力。

（2）应用评价

人工整形修剪技术在提高柑橘等果树的产量和品质方面起到了积极的作用。通过人工精细化的修剪，树体结构得到了优化，大枝分布均匀，主从分明，光照和通风条件得到了改善，有利于果实的生长和发育。同时，采用这种修剪方式的柑橘树产量高、品质好，提高了果园的经济效益和生态效益。然而，人工精细化整形修剪也存在一定的局限性。对修剪者的技术水平和经验要求较高，如果操作不当可能会对树体造成损伤，达不到应有的修剪效果。人工修剪需要投入较多的时间和精力，在劳动力短缺和价格昂贵的情况下，对于大规模果园来说人工修剪存在困难。此外，精细化整形修剪的成本也相对较高，对于一些经济条件有限的果园来说可能难以承受。因此修剪的标准化就很有必要规范统一。

2. 机械化整形修剪技术

随着现代化农业的发展和大型农场的增加，机械化修剪将成为主流之一。机械化柑橘修剪能显著提高生产效率。相较于传统的人工修剪方式，机械化修剪能够大幅度减少作业时间和修剪费用，尤其在规模较大的果园，其优势更为明显。这不仅有利于果园降低生产成本，提高经济效益，还能在一定程度上缓解果园劳动力昂贵和短缺的问题。采用机械化整形修剪的主要是美国、巴西、澳大利亚等农业发达的国家。美国人工费用昂贵，20世纪起研究柑橘篱剪方法获得了成功，从此美国大力发展机械化柑橘修剪，这样便于操作又降低成本，而且有利于机械喷药和采果。

（1）技术特点

机械化整形修剪形成整齐划一的绿篱状外形，树形整体美观大方，提高了果园的整体观赏性，也便于果园的管理和采果作业。树冠自然结构使得叶片分布合理，有利于光线的穿透和分布，从而提高树冠内部叶片的光合作用效率，这种高光效性有助于增加柑橘果实的产量和品质。这样修剪大大降低了果园的劳动强度，提高了作业效率（图1-15）。

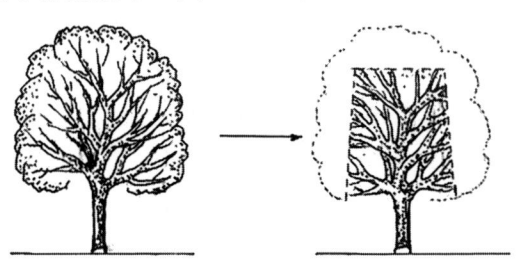

图1-15　绿篱形树形示意图

（2）应用评价

大型机械化柑橘修剪产生的绿篱形树形得益于大型机械化修剪设备的精确操作，使得树冠形态规整，有利于果园的通风和光照，减少病虫害的发生，提高果实的产量和品质，便于机械化作业，降低了劳动力成本，提高了作业效率。缺点是树冠内大枝杂乱，严重荫蔽，容易发生病虫害，结果枝在修剪后的外层，树冠大，采果需借助机械，采果成本高，难度大。

（二）我国柑橘整形修剪技术的发展

我国种植柑橘的历史悠久，在种植过程中不断完善改进种植技术，形成了具有中国特色的柑橘树形。目前柑橘整形修剪技术不断创新，出现了许多新的派别，有江西的一干三枝修剪技术、钟式修剪技术，广西荔浦的领导枝修剪技术，四川的近干挂果技术等。因此，永州市柑桔科学研究所想把这些整形修剪技术结合起来，在一干三枝的基础上延伸出领导枝，同时在主干大枝上培养结果枝组近干挂果，形成新的柑橘树形。这种新树形既通风性好、阳光利用效率高，延缓了树势衰老的时间，让柑橘树有较长的健康树龄，树体挂果无须支撑，又极大减少了果实灼伤枯水的现象，提高了果实品质。这种综合各家创新的技术，应该是目前最适合我国的柑橘整形修剪新方法。

柑橘整形修剪技术旨在优化柑橘树的生长结构，提升果实产量和品质。这一技术融合了传统智慧与现代科技，通过科学的修剪方法，使得柑橘树体形态美观、树冠通风透光良好，为柑橘产业的健康发展提供了有力支持。

在现代农业发展中，中国柑橘整形修剪技术也在不断创新和完善。随着科技的进步，越来越多的新技术和新方法被应用到整形修剪中。例如，利用无人机进行树冠三维重建和测量，可以更加精确地了解树冠结构和生长情况，为修剪提供更加科学的依据；利用智能机械臂进行自动化修剪，可以提高修剪效率和精度，降低劳动力成本。这些新技术的应用，使中国柑橘整形修剪技术更加先进和高效。

整形修剪技术也面临着一些挑战和问题。随着柑橘产业的快速发展，果园规模不断扩大，对整形修剪技术的需求也越来越大，一些地区还缺乏专业的修剪人才，因此各柑橘产区都出现了一些当地化的修剪技术。修剪者的技术水平参差不齐，以及一些果园在修剪过程中存在过度修剪或修剪不足的问题，影响了柑橘树的正常生长和产量。因此，如何加强整形修剪技术的培训和推广力度，提高修剪者的技术水平，是当前亟待解决的问题。

就目前柑橘产业发展来说，我国柑橘整形修剪技术发展呈现树形科学化、修剪标准化、修剪技术规范化和产业化的特征，未来趋势应该由标准化、规范化，走向数字化、智能化。我们应该积极创新新技术和新方法，提高整形修剪的效率和效果。

1. 树形科学化

要想使柑橘树体骨干枝条结构科学，关键在于其布局的合理性与生长的适应性，这直接影响着果树的生长、产量与果实品质。科学的骨干枝条结构首先体现在主干高度的适宜性，它决定了树冠形成的速度和投产的早晚。主枝、副主枝和侧枝的合理配置也是科学性的体现，它们构成了树冠的主要骨架，保证了树冠的平衡与稳定。这些枝条的均匀布局确保了良好的光照条件，为果树的健康生长提供了基础。此外，科学的枝条结构还考虑到了生长与结果的平衡，既保证了足够的绿叶层厚度进行光合作用，又避免了结果过多导致的树势衰弱。利用合理的修剪原则，如"轻剪长放"，进一步促进了树冠的开张和骨架枝的培养。总的来说，柑橘树体骨干枝条结构的科学性是提升果树产量与品质的关键因素，它通过优化树冠结构，为果树的健康生长和高产稳产创造了有利条件。

2. 修剪标准化

柑橘修剪标准化是目前柑橘产业转型升级所要走的一条道路，是确保柑橘产业健康发展和果园高产优质的重要措施。规范修剪主要是根据柑橘树的生长习性、果园环境条件以及目标产量和品质要求，制订出一套科学的整形修剪标准，并在实际修剪过程中严格执行。

根据品种制订不同的修剪标准。针对不同品种的柑橘树在生长势、树冠形态、开花结果习性等方面存在的差异，需要采用不同的修剪方法和标准。例如，对于生长势旺盛、树冠开张的品种，修剪时应注重控制树冠大小，防止树冠过于密集，影响通风透光和果实品质。而对于生长势较弱、树冠紧凑的品种，则需要适当增加枝条数量，促进树冠扩大，提高光能利用率。

在制订修剪标准的过程中，需要考虑以下因素：一是树冠结构，包括主枝、副主枝、侧枝和结果枝的配置和分布；二是树体营养状况，根据树势强弱调整修剪强度；三是果园环境条件，包括土壤、气候、病虫害等因素对树体生长的影响；四是目标产量和品质要求，包括根据市场需求和经济效益确定修剪目标和标准。通过制订和执行柑橘修剪标准，实现树冠结构合理、树势均衡、通风透光良好、果实品质优良的目标，提高柑橘树的产量和经济效益。

3. 修剪技术规范化和产业化

柑橘修剪的规范化和产业化是现代柑橘产业发展的必然趋势，对于提升柑橘产业的综合效益和市场竞争力具有重要意义。

通过前面柑橘修剪标准化、繁殖嫁接统一、种植规模化管理后，就会形成柑橘修剪的规范化、产业化。

规范化修剪主要是通过制订和执行统一的修剪标准和操作规范，确保每棵柑橘树都能得到科学合理的修剪。这要求修剪人员具备专业的知识和技能，能够根据不同品种、生长阶段和环境条件制订合适的修剪方案。同时，规范化修剪还需要注重树冠结构的优化、树势的均衡以及通风透光条件的改善，以提高果实品质和产量。

柑橘修剪的产业化则是将修剪工作纳入柑橘产业的整个生产链中，实现修剪的专业化、产业化和市场化。通过专业标准化修剪，可以推动修剪新技术的规范应用，提高修剪效率和质量，降低生产成本。同时，柑橘修剪的产业化还可以促进柑橘产业的标准化和品牌建设，提升市场竞争力。

第二章　柑橘整形修剪新理念

一、充分利用阳光，提高叶片光合效率

（一）阳光是柑橘种植的廉价资源

1. 阳光是光合作用的能源

光合作用是植物生长的基础，这一过程使植物能够吸收光能并将其转化为化学能，进而合成生长所需的碳水化合物。在光照充足的条件下，柑橘叶片中的叶绿体能够更有效地吸收阳光，并转化为植物生长所需的化学能，这不仅为柑橘提供了源源不断的能量供应，还促进了柑橘体内养分的合成和积累，这个过程是柑橘果树生长和发育的基础，为果实提供所需的养分和能量。阳光对柑橘果树的叶片、枝条和树体结构有重要影响，在适宜的光照条件下，柑橘果树的叶片会表现出叶厚、颜色深、光合能力强的特点。光照可以促进枝条的生长和发育，使树冠结构更加合理，有利于果实的分布和生长。光照还影响柑橘果树的开花和结果。充足的光照可以促进花芽的分化，提高坐果率，使果实更加饱满、色泽鲜艳。光照不足则会导致花芽发育不良，坐果率降低，果实品质下降。

万物生长靠太阳，这是普遍认知的科学真理。在过去，柑橘

栽培者对如何充分利用阳光，发挥阳光的最大作用认识不够。很多柑橘栽培者，为了获得高产、高品质的柑橘，总是把栽培管理重点放在如何增施肥料、如何多打农药这些有损果品安全的措施上，没有充分利用阳光，致使用工用肥增多，成本增加，种植效益下降。目前，柑橘种植劳动力和肥料昂贵，化肥用量增加会造成土壤硬化、酸化，进而影响土质。我们为什么不充分利用阳光这一廉价的首要资源，降低生产成本，提升品质呢？

充分利用阳光在柑橘种植中具有极其重要的作用，不仅直接关系到柑橘的生长状况和果实品质，更会对柑橘果园的经济效益和生态环境产生深远的影响。我们在种植柑橘时，必须高度重视阳光的利用，通过科学合理的光照管理，以实现柑橘生长和经济效益的双重提升。

2. 充分利用阳光，减少化肥的用量

化肥在柑橘生长过程中起着提供养分的作用，但过量使用不仅增加了生产成本，还会对土壤和水源造成污染。而在光照充足的柑橘园中，柑橘能够更好地吸收土壤中的养分，减少对化肥的依赖。这是因为阳光能够促进土壤微生物的活性，提高土壤养分的有效性。同时，光照还能调节柑橘树的生长节律，使柑橘在生长过程中更平衡地吸收养分。因此，充足的光照可以在减少化肥用量的同时，保证柑橘的正常生长和果实的品质。

3. 充足的阳光能降低柑橘园的管理成本

柑橘园管理是确保柑橘健康生长和果实品质的重要环节，但往往是一项耗时耗力的任务。在光照充足的条件下，柑橘园中的病虫害发生率往往较低。这是因为阳光中的紫外线具有一定的杀菌作用，能够抑制病菌和害虫的滋生，这样可以降低防治病虫害所需的人工成本。同时，光照充足的柑橘园也更容易保持园内环

境的整洁和卫生，减少了因病虫害导致的柑橘损失和柑橘污染的风险。减少化肥和农药的使用也符合绿色农业的发展理念，有助于保护生态环境和推动农业现代化的可持续发展。

然而，要在种植柑橘过程中实现充分利用阳光的目标，需要采取一系列具体的措施。首先，要选择合适的种植地点和种植密度。种植地点应尽量选择光照充足、通风良好的地方，避免柑橘树之间过于密集，以免相互遮挡阳光。同时，种植密度也要根据柑橘的生长习性和光照需求进行合理规划，确保每棵柑橘都能获得足够的阳光。要对柑橘定期进行整形修剪，整形修剪是保持树冠通风透光、提高光合作用效率的重要手段。

（二）柑橘对光照的要求

充分利用阳光，在果树种植中具有重要意义。通过提高光合效率、减少化肥用量、降低果园管理成本和推动绿色农业发展等方面的综合影响，果农可以实现经济效益和生态效益的双赢。然而，要实现这一目标，果农需要采取一系列具体的措施，并注重光照与其他环境因素的协调。只有这样，才能最大限度地利用阳光资源，促进果树的生长和果实品质的提升，为果园的可持续发展奠定坚实的基础。

光照对柑橘果树的作用并非越强越好，柑橘生长结果需要散射光，最佳光照强度为 6 000～8 000 lx（图 2-1）。亚热带地区夏季中午光照强度达 30 000 lx，这时过强的阳光照射可能会对柑橘果树的叶片和果实造成损伤，导致叶片干枯、果实灼伤，而光照强度在 3 000 lx 以下，也会影响柑橘长势。因此，我们可通过整形修剪技术，构造合理树形，使全树所有叶片获得的都是最佳光照强度的散射光，叶片光合效率高，制造光合产物多，这样就会极大降低柑橘生产成本。

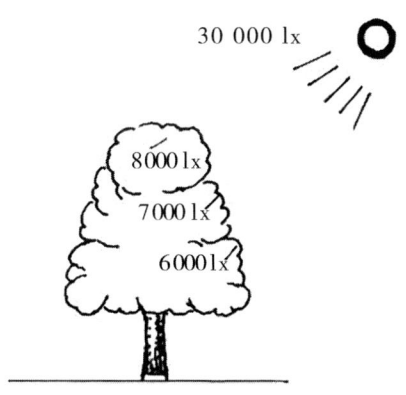

图 2-1　柑橘果树不同高度的最佳光照强度

(三) 增强叶片光合作用，提高光合效率

叶片是植物的绿色工厂，植物生长结果所需要的所有营养均由它制造合成。大量研究表明，不同柑橘品种生产一个果实需要不同的叶片数量，形成了经典的"叶果比理论"。如温州蜜柑结一个果需要 30～40 片叶，甜橙结一个果需要 60 片叶等，柑橘栽培至今仍沿用这个理论。"叶果比理论"是正确的，柑橘结果没有叶片不行，可数量多少值得商榷。在生产实践中，有的技术措施就打破了原有的这个数值标准。在 1985 年和 1988 年，温州蜜柑开花时，5 月上旬湘南出现了干热南风，群众称之为"火南风"，造成温州蜜柑严重落花落果。当时为了保果，采取了喷水、喷植物激素、施肥、喷微肥和抹春梢等各种措施，其中最有效的措施是抹春梢。随后多年在种植温州蜜柑时，抹春梢就成了保果的第一措施，也是最有效的措施。因为抹梢效果好，有些果农就抹得越来越干净，抹得彻底，抹除所有营养枝和 3 叶以上的花果枝，只留无叶和 1～2 叶花果枝。从现蕾抹到坐稳果，这样果是

27

保住了，可叶片越来越少，有的少到 20 多片叶结一个果。这样坐果比叶多的结出的果实大、品质好，打破了原有的"叶果比理论"。近两年，四川眉山、自贡等地种植爱媛橙就把树枝剪成光杆杆，果个大、产量高。从这可以看出，叶的光合作用还有潜力可挖。在柑橘栽培中，我们要通过整形修剪，培养科学合理树形，充分发挥每片叶的光合作用，以提高叶片光合效率。

（四）搞好整形修剪，充分利用阳光

柑橘整形修剪就是为了果树能充分利用阳光，提高果实品质，减缓树体衰老。柑橘作为喜光植物，对阳光的需求是其生长发育的重要条件。通过整形修剪，我们可以调节树冠的密度和结构，使阳光能够更好地穿透树冠，为柑橘树的各个部位提供充足的光照，为树体营造健康的生长环境。

1. 培养科学合理树形

从目前来看，"三主枝"新树形是比较成功的，大枝稀，小枝密。大枝稀，空间通透，阳光充足；小枝密，是密而不挤。如此便能生长均匀，充分利用空间，形成立体结果，产量高，品质好。

整形修剪的主要目的是改善光照条件，并促进柑橘生长、产量增加和果实品质的提升。通过短截、摘心、疏剪、回缩等修剪技术，我们可以控制主干和大枝的长度，调节枝梢的抽生方位和强弱，增加枝条密度，缩短枝轴，使留下的部分靠近根系，方便养分运输；同时采用拉枝、撑枝、吊枝等方法改变枝条的生长角度和分布方向，培养树体骨架结构，改善光照通风条件，调整枝条势力，促进或抑制枝条生长和萌发。此外，整形修剪还能够调节树势，平衡营养生长和生殖生长的关系。通过控制树冠的大小和形状，我们可以使树体更加紧凑、稳定，有利于养分的积累和分配。这不仅能够提高柑橘树的抗风能力，减少自然灾害对树体的损害，延长树体寿命，还能达到提升经济效益的目的。

2. 培养优质功能叶

（1）叶种类

柑橘各次梢叶片功能有差异：春梢最好，叶片大小正常、厚实，是树体的主要功能叶；秋梢叶次之，因为秋梢生长期温度逐渐下降，成熟不充分，尤其梢尖的叶片，变小变薄，光合作用弱；夏梢叶片生长快，看似叶片宽大，但光合作用弱。所以栽培中我们要采取有效措施，尽可能多地培养春梢、春叶，增加树的优质功能叶。

（2）叶龄

叶的光合能力强弱，除与叶种类有关外，叶龄也是非常重要的，叶龄在 17 月之前最好。1 年龄叶片的光合能力比 1.5 年龄、2 年龄的高 1 倍以上。在栽培时，我们要通过整形修剪，把树体空间让给这些光合能力强的功能叶，及时剪除无功能只消耗营养的寄生叶和功能差的半功能叶。

只要整形修剪得当、科学合理，每片叶的光合能力就能得到充分发挥，一片叶就能制造更多的营养物质（图 2-2）。

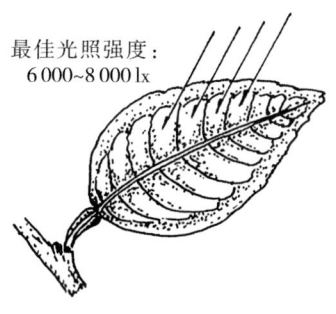

最佳光照强度：
6 000~8 000 lx

图 2-2　叶片利用阳光示意图

二、充分利用柑橘生物学特性，促进生长和结果

柑橘的生物学特性很多，栽培时要充分认识和利用这些生物特性，因树不同而采用不同的整形修剪方法，尽量减少人为干预。这样不仅能少施肥、少打药，柑橘产量和品质还能得到极大的提高。

（一）充分利用生长季，促进枝梢生长，快速成形投产

柑橘幼年树每年生长 3~5 次梢，1 次春梢、2 次夏梢、2 次秋梢。有的果农因夏梢难管理，采取抹夏梢的方法，结果之前只长春、秋两次梢，树体比生长了夏梢的树体小一半，使投产推迟 1~2 年。因此，可以通过整形修剪技术增加柑橘新梢的生长次数，采取以下方法使柑橘按期投产。

1. 合理疏剪

疏剪是剪掉树冠内部过于密集的枝条，以增加空气流通性，使光线透过树枝，促进树冠中下部的新芽生长。选择靠近主干或老枝条的小枝条进行剪除，避免损伤大枝条。疏剪可以打开树冠，让阳光和空气更好地进入，从而刺激更多新梢的生长。

2. 适时短截

短截枝条是整形修剪时控制主干、大枝长度的常用方法。通过选择剪口芽，调节枝梢的抽生方位和强弱。不同程度的短截会产生不同的效果，例如：短截枝条 2/3 的为重度短截，抽发的新梢少但长势较强；短截枝条 1/2 的为中度短截，萌发新梢量多，长势和成枝率中等；短截枝条 1/3 的为轻度短截，抽生的新梢较多但长势较弱。可以根据树冠的实际情况和需要，选择适当的短

截程度。

3. 摘心处理

在新梢抽生至停止生长前，摘除其先端部分，保留需要长度的过程称摘心。摘心后的新梢，先端芽也具顶端优势，可以抽生健壮分枝，并降低分枝高度。这有助于增加新梢的数量和密度。

4. 回缩

回缩即剪去多年生枝组先端部分，常用于更新树冠大枝或压缩树冠，防止交叉郁闭。回缩可以优化树冠结构，为新梢的生长提供更多的空间和营养。

5. 环割控梢

环割的目的是阻止根部营养往上输送，从而阻止新梢生长，减少新梢与果实争夺营养，减少落果量。但环割也需要根据树势和树冠情况进行调整，避免过度环割导致树势衰弱。

6. 适时施肥

施肥是促进新梢生长的重要因素。在修剪前后适时施肥、浇水，可以提供充足的营养支持新梢的生长。例如，在开剪前7～10天施肥，冒梢后再进行第二次施肥，间隔15天进行第三次施肥，这样可以帮助培养出健壮的新梢。

（二）充分利用各类枝梢，增加产量，提高品质

根据柑橘枝梢抽生的季节可以将其分为春梢、夏梢和秋梢。春梢可以培育成结果母枝；夏梢较长，一般抹去；秋梢大部分是来年的结果母枝，需要保留以保证柑橘的生长和产量。

柑橘徒长枝也被称为霸王枝，生长时期通常是不固定的，特别是在主干或主枝上容易发生。徒长枝往往生长得特别旺盛，节间长，有刺，叶大而薄，有时长度可达 1～1.5 m，这样的长度和特性会影响主干的生长和扰乱树冠，一般认为是无用的生长。

有的管理不到位，树体徒长枝生长成了大枝，一年等到冬季才一次剪除，造成极大的营养浪费。如果因树制宜，灵活掌握，加以改造利用就会取得很不一样的效果。在整形修剪中，一定要充分了解品种特性，尽量控制徒长枝的发生；如果已生长并长成了大枝，要尽可能改造利用，避免无效生长，造成营养浪费。

（三）利用生长结果分区，近干挂果，优化树形结构

近干挂果这项技术也是深入认识柑橘生物学特性取得的成果。以前柑橘挂果先是平面挂一层果，后进入内膛，立体结果，产量提高了。现在挂果靠近主干，果形大，品质更好，不要吊、不需撑，节约人工成本。

除上述几点外，还有很多柑橘生物学特性没有被我们充分认识利用，一旦被认识并掌握利用，柑橘种植水平就会进一步提升，种植效益就会进一步提高。柑橘整形修剪要充分利用柑橘的生物学特性，以树为本，因树制宜。

三、增大行距，调整种植密度

（一）柑橘密植的弊病

有些人认为柑橘种得越密产量越高，这是不科学的。虽然柑橘密植在短期内可能带来一定的经济效益，但长期来看，这种方式存在诸多弊病，对柑橘树的生长、产量和品质都会产生不良影响。

1. 光照不足

柑橘是喜光植物，充足的光照是柑橘正常生长和果实发育的必要条件。然而，在密植的情况下，柑橘树之间的间距过小，树冠相互遮挡，导致光照不足。光照不足会直接影响柑橘树的光合作用，进而影响树体的营养积累和果实发育。长期下来，会导致柑橘树生长缓慢，内膛无叶，枝条枯死，果实品质下降，产量减少。

2. 通风不良

由于树冠相互交织，密植园内的空气流通受阻，影响柑橘树的呼吸作用，导致树体内部积累的二氧化碳浓度过高，影响正常的生理代谢，还会导致果园内的温度分布不均，对柑橘树的生长产生不利影响。

3. 根系竞争

在密植的情况下，柑橘树的根系在土壤中相互竞争养分和水分。由于根系分布空间有限，每棵树能够吸收的养分和水分相对减少。长期下来，会导致柑橘树营养不足，生长受阻。同时，根系竞争还会加剧土壤侵蚀和退化，对果园的可持续发展产生负面影响。

4. 病虫害易发

柑橘密植园内通风不良、湿度大，为病虫害的滋生提供了有利条件。这不仅会影响柑橘树的正常生长，还会降低果实品质，甚至导致树体死亡。密植园内树木密集，病虫害的传播速度也会加快，给防治工作带来更大的难度。

5. 管理难度增加

柑橘密植使果园的管理难度大大增加。由于植株密集，机械化修剪、施肥、浇水、病虫害防治等作业都难以进行。这不仅增加了劳动力成本，还可能导致作业质量下降，进一步影响柑橘树的生长和果实品质。同时，密植园内的交通也不便，给果园的日常管理和采收工作带来诸多不利影响。

为了提高果园的经济效益和可持续发展能力，应该摒弃密植栽培方式，采用科学合理的栽培密度和树形管理方法，为柑橘树提供适宜的生长环境条件。

（二）对不同种植密度的评价

柑橘的种植密度在各地都不一样，因气候、品种、肥水条件、管理技术水平等不同而变化，六十多年以来，笔者经历了柑橘种植密度的几次大变化，每次变化都代表着柑橘栽培技术的进步和发展，对于各种种植密度和株行距对柑橘生长和结果的影响，有以下经验。

1. 每亩^① 100 株以上，密植栽培

20 世纪 70 年代，湖南各地学习广东潮汕地区水田种柑橘的高产经验，刮起了一股柑橘密植风。一般每亩 110 株，株行距 2 m×3 m，更密集的有种植 222 株，株行距 1.5 m×2 m，甚至还有每亩 300 株、500 株的。这种密植园选择的都是肥沃好地，采用大肥、大水精细管理，确实达到了早结高产的效果。笔者当时所在的道县上关大队的密矮早试验园，1976 年（第三年）红玉血橙最高亩产达到了 829 kg，是湖南省当时密植栽培的最高单产。在柑橘产量还不高的年代，选择密植种植，通过精细管理，达到了早结高产，能激发群众种植柑橘的积极性。湖南省石门县的早熟温州蜜柑，就是 20 世纪 70 年代初在这种形势下发展起来的，当时石门县每亩 300 株、500 株的早熟蜜橘高产试验，虽只维持 2~3 年，可群众见到了产量，有了收益，看到了希望，提高了发展柑橘生产的积极性，才有了今天的石门柑橘产业。柑橘密植早结高产，只能维持 2~3 年，适用于树势弱的品种，几年后就必须间移或间伐，没有别的选择，这样成本折算下来，密

---

① 1 亩≈667 m²。

植纯收益并不高，在柑橘产能出现结构性过剩的今天，也就失去了应用价值。

2. 每亩 60 株，株行距 3.3 m×3.3 m

每亩种植 60 株，株行距 3.3 m×3.3 m 是 20 世纪 60 年代以前湖南种植柑橘的主要形式和密度。这个时期种植的主要品种是温州蜜柑，湖南省温州蜜柑的种植密度比较一致，均为株行距 3.3 m×3.3 m，每亩 60 株，不管是湘南湘北、山地平地都一样。这样的密度成园快、投产早，提高了柑橘产量，促进了当时柑橘生产的发展。随着肥水条件的改善，树龄的增加，这样的密度封行早，致使内膛阳光不足、枝条枯死，结果部位外移，柑橘产量、品质下降。只有坡度大的山地橘园，生长势弱的早熟温州蜜柑品种宫川等，在这种密度下还有一定的产量优势，维持了较长的盛产期。在密度大，又是正方形种植的橘园，成园后管理很不方便，通行困难。

3. 每亩 44 株，株行距 3 m×5 m 或 2.5 m×6 m

1982 年，笔者到零陵地区柑桔示范场（今永州市柑桔科学研究所），参与中澳柑橘合作项目，在总体设计中负责柑橘栽培管理工作。当时设计的种植密度是每亩 44 株，株行距 3 m×5 m，其根据是两点：一是零陵地区柑桔示范场当时全是荒地，水土流失严重，杂草也不长，土地天天晒太阳，资源浪费严重；二是中澳柑橘合作项目澳大利亚方示范园采用的株行距是 2.5 m×6 m，每亩地种 44 株，我们所在的园是学习跟班园，密度当然也应一样。示范场建的 3 000 亩橘园，采用一个标准，每亩 44 株，我国的株行距为 3 m×5 m，澳大利亚的 600 亩示范园和母本园株行距为 2.5 m×6 m。这样的种植密度和株行距配置方式，从多年的实践证明是可行的，进入盛果期始终保持 4 m

的树冠，株间略有交叉，行间留有一定的空间，阳光通透，管理方便。澳大利亚方示范园柑橘株距为 2.5 m，虽然密了一点，但也坚持使用了 30 多年，比正方形种植的管理方便，产量稳定。湖南道县在发展脐橙的建园技术培训时，采用了笔者所推荐的种植密度（3 m×5 m），从目前生长和结果情况看，采用这种种植密度获得的效益很好。

4. 每亩 37 株，株行距 3 m×6 m

进入 21 世纪，中国出现人口老龄化，劳动力成本上升，柑橘省力化栽培、机械化管理已是必然之路。在果园使用机械，除对果园的道路有一定要求外，还要加宽行距，才能便于机械作业。湖南果秀食品有限公司福田原料基地 2006 年种植的 2 000 亩橘园，采用了 6 m 的行距，3 m 的株距，每亩 37 株，这是南方一般柑橘品种种植的最小密度。笔者在采取这种配置形式时考虑两个因素：一是株距保持 3 m，有利于树体生长和中后期高产稳产；二是因为我国南方橘园多为山坡地，将来使用的机械以中小型为主，大型机械在山地利用还有一定的局限性，因此采用 6 m 行距。从目前生长的情况看，株间枝条再交叉时，行间还有 1.5～2 m 的空间可通行，方便柑橘管理时使用机械，可降低管理成本，提高效益。

（三）柑橘种植密度的最佳选择

笔者通过六十多年的柑橘生产实践总结，在湘南、赣南和桂北这条柑橘优势带种植柑橘，种植的最佳密度是：一般橙类和宽皮柑橘类，株距 3～4 m，行距 5～6 m，每亩种植 28～44 株；树体较小的橘类和早熟温州蜜柑的株行距为 3 m×5 m，每亩 44 株；树体较大的甜橙和宽皮柑橘可采用株距 4 m，行距 5～6 m，每亩 28～33 株；树体高大的柚类品种株行距要更大，株距

5～6 m，行距 7～8 m，每亩 14～19 株（图 2 - 3）。

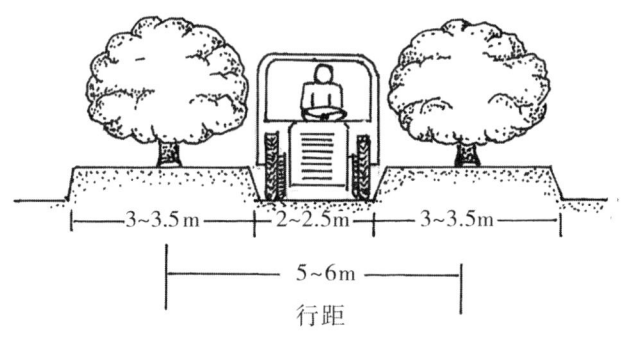

3～3.5 m | 2～2.5m | 3～3.5m

5～6m
行距

图 2 - 3 扩大行距示意图

四、控制产量，提升品质

（一）控制产量是生产发展的需要

1. 国内外柑橘生产发展迅速

改革开放促进了我国柑橘产业的发展，从 1980 年柑橘种植总面积 74.29 万 hm^2、总产量 71.26 万 t，到 2020 年柑橘种植总面积 283.15 万 hm^2、总产量 5 121.87 万 t，40 年来我国柑橘种植面积增加 2.81 倍，产量增加 70.88 倍。我国柑橘种植面积和产量从 2007 年起至今居世界首位。

从国外柑橘生产发展形势来看，柑橘生产发展不平衡。虽然美国、日本等发达国家柑橘种植面积和产量都在减少，但发展中国家，尤其是印度和墨西哥等国的柑橘产量增加很快，全球柑橘生产总体来看还是呈增加的发展趋势。

从国内柑橘生产发展形势来看，我国柑橘种植产量较高，控制产量已是我国柑橘生产发展迫切需要采取的措施。

2. 我国柑橘销售现状

2022 年我国柑橘总产量为 6 003.89 万 t，其中出口鲜果和加工仅占总产量的 2%，说明我国的柑橘基本上是国内销售。按人们正常的消费水平，人平均年消费柑橘量为 10～15 kg，我国的年消费柑橘量为 1 500 万～2 000 万 t。以 2007 年我国柑橘产量水平（2 036.4 万 t）为例，年总产量超过此水平，就会出现产品过剩。20 世纪末，我国就出现了柑橘滞销的情况，进入 21 世纪后，柑橘产量仍在不断增加，导致严重过剩。为改变这种局面，除努力开辟销售渠道外，控制产量、提升品质是积极可行的措施。

（二）提升品质是生产发展的出路

1. 人们消费水平提高

我国柑橘产业经历了从计划经济到市场经济的转变。20 世纪 80 年代前的计划经济时代，柑橘是计划收购、分配购买，那时人们能吃到柑橘已是很高的生活享受了，对产品质量没有选择。笔者记得 1963 年参加工作时，到原道县农业局报到正是元宵节，在这个柑橘主产县，节日供应物资，每人只发半斤（250 g）次品柑橘，两个黑色（锈壁虱为害严重）的鸭蛋柑（普通甜橙）。当时不产柑橘的县区，几年都吃不到柑橘，更谈不上对品质的选择。

现在柑橘产量提高了，人们对柑橘有了更多的选择、更高的要求。要好看，果形大、色泽鲜艳、光滑亮丽，无病虫害；要好吃，果肉细嫩、化渣爽口、种子少等。不但要求品质优，还要安全性高，柑橘生产不得使用高毒性、高残留农药和各种化学激素类产品，以保证果品的绝对安全，没有任何污染和化学残留。

2. 提升品质，提高种植效益

随着消费水平的提高，人们对柑橘品质的要求越来越高。为了提升品质、保证果品的安全，种植者要采取更为周密严格的果园管理措施，任何一项管理工作不到位，都会造成柑橘品质下降，销售价格下降，影响种植效益。在这种产品过剩的形势下，只有加强果园管理，提升产品品质，产品才能销售得好，才能有种植效益。

(三) 搞好整形修剪，促使品质提升

提升柑橘品质要依靠果园管理措施的全面配合才能实现，除肥水管理外，整形修剪也是不可缺少的。

1. 控制树势，提升品质

(1) 减少营养生长量

成年结果树要尽量减少营养生长量，把营养集中供应给果实，使果实有充足的养分，这样结出的果实不仅大，肉质也好。措施是严格控制夏梢生长，夏梢对于幼树和幼年结果树是重要的，是构成树冠的骨干枝，但成年结果树已不需要扩大树冠，因此不需要夏梢。此外，夏梢生长时期正是果实生长发育的生理落果期，抽发夏梢会加重生理落果，影响柑橘产量和品质。对于柚类和大果形品种，在中亚热带地区进入成年结果期时，秋梢也要尽量减少或不发，把养分集中在长果，以提升内外品质。

(2) 平衡生长和结果

成年结果树要通过修剪调控，尽可能保持营养生长和生殖生长的平衡。生长旺盛的树结果少，果实营养过剩，品质不佳；而结果多的树，营养不足，果实内外品质也不能形成。修剪调控使生长和结果达到相对平衡，是形成柑橘优良品质的有效方法。

2. 控制产量，提升品质

实践经验证明，同样的肥水管理水平条件下，产量与质量的

关系是：结果多，品质下降，果形小，内在品质不佳；结果少，产量低，果大、泡果多，果肉粗糙、汁少、化渣性差，品质也不良。只有保持中庸树势，维持营养生长和结果的平衡，品质才能达到最佳。生产上的修剪调控，尤其是花期修剪，现蕾后视花量情况，花多的疏剪无叶花枝、密生花枝，短截强旺花枝顶部无叶花，保持有叶花枝结果；营养梢多的，疏剪营养无花枝，达到梢果比例适宜的效果。把传统以产量为目的的修剪转变为以品质为中心的修剪，控制产量，把树体营养调动分配用于形成品质的需要，以提升品质。

五、简化修剪技术，规范修剪方法

柑橘整形修剪是柑橘栽培技术含量最高的一项果园管理工作，没有一定的专业知识和实践修剪经验，是不能搞好柑橘整形修剪的。原永州市回龙圩农场场长肖建文就认为柑橘栽培是"一把剪刀出产量"。他以修剪为中心狠抓果园管理，创造了驰名的"迴峰蜜柑"，享誉北方市场。

随着生产的发展和科学技术的进步，没有标准、没有规范的随意修剪行为不再适应现代化规模的柑橘种植。在柑橘栽培中我们要把各种整形修剪技术逐步简化，形成一个比较统一的标准，让生产者按标准实行规范化修剪，进而升级为智能化修剪，这才是柑橘整形修剪发展的方向。

长久以来，柑橘整形修剪技术一直是果农们关注的重点。随着现代农业技术的不断进步，我们对这项技术也有了更为深入和全面的认识。传统的整形修剪方法往往注重形态的美观和树势的平衡，而现代整形修剪则更加注重与果树生长规律、果实品质提升以及生产效益的紧密结合。

我们认识到，整形修剪并非简单的"剪剪枝、整整形"，它实际上是一项系统工程，涉及树冠结构、光照利用、营养分配等多个方面。通过合理地整形修剪，我们可以优化树体结构，提高光合效率，促进枝梢生长和果实发育，从而实现早结、高产、稳产和优质的目标。

（一）统一整形修剪标准

根据柑橘的生长习性和果实需求制订出一套科学、合理的修剪标准。这些标准应包括修剪的时间、方法、程度等各个方面，确保每棵果树都能得到规范处理。同时，这些标准应该具有可操作性和可推广性，便于果农们理解和掌握。

（二）简化整形修剪技术

柑橘果树为常绿果树，整形修剪要因地制宜、因树整形，修剪尽量轻一点，非必要别重剪，所以柑橘整形修剪技术不用太复杂，要简化一些不必要的修剪误区，形成统一的标准和规范，并进行推广示范，让更多的果农对柑橘种植管理轻松上手、迅速掌握，在降低果农劳动强度的同时，提高修剪的效率和效果。

（三）规范整形修剪方法

实行分类管理，因树修剪。不同的柑橘品种、树龄、生长环境等都会影响其生长习性和修剪需求。因此，在简化整形修剪技术的过程中，我们需要实行分类管理，使其规范化，根据每棵树的具体情况来制订合适的修剪方案，形成不同的修剪标准。这样可以避免一刀切的修剪方式，更好地满足果树的生长需求。

第三章　与整形修剪有关的柑橘生物学特性

一、植物学性状

(一) 芽

柑橘的芽是植物器官的萌发点，其形态和特征对于树体的生长发育及栽培管理具有重要意义。柑橘的芽为裸芽（图 3-1），无鳞片包裹，只有几片肉质性的先出叶苞片包被。柑橘芽生长在枝梢叶腋间，无顶芽。柑橘在幼年未结果时期，所有的芽均为叶芽，即萌发后仅生枝叶而没有花的芽。芽在分化初期也都是叶芽，后随着营养分配和碳氮比的变化，一部分的芽原基质逐渐转变为花原质，并分化出花器的各部分，这种芽称为花芽。柑橘的芽可分为以下几类。

1. 混合芽

柑橘芽均是混合芽，从外表看，没有叶芽、花芽的特征，内部组织区别也不明显。这种芽包含了叶和花的原生组织，只有发芽生长时，才能看出有无花蕾。枳属的花芽是纯花芽，而其他柑橘种类均为混合芽，它们在萌发后先抽出枝叶，再开花。

2. 复芽

柑橘的芽具有复芽（图 3-2）的特征，即一个芽眼中包含一个主芽和多个副芽，副芽的数量可达十多个。这一特性对于柑橘整形修剪具有较大的利用价值。一般来说，主芽会先萌发，但如果枝条的营养充足且生长旺盛，副芽也会萌发，所以生产中常看到一个叶腋同时抽生多个梢的现象。如果先萌发的嫩梢死亡或被抹除，会刺激同一节位的多个副芽萌发，同时可能促进附近节位中的芽萌发。生产上常利用这一特性进行抹芽放梢，以增加枝梢量，促进整形修剪提早成形。

3. 隐芽

隐芽（图 3-3）又称潜伏芽，枝梢基部的几个芽和大枝上都有多个隐芽，寿命长，可潜伏多年。当把上部枝端剪去，营养集中可刺激下部潜伏芽的萌发，这对老树改造、衰弱树更新很有应用价值。

图 3-1 裸芽示意图　　　图 3-2 复芽示意图

图 3-3 隐芽示意图

（二）梢

柑橘梢是芽萌发生长而来，一年可生长 3～4 次，或更多。

柑橘枝梢是树冠构成、开花结果的基础，正确了解枝梢的形态、分类、作用和特性，是进行整形修剪的基础和前提，也是提高柑橘种植效益的重要途径。柑橘的梢可按生长季节和一年中新梢抽发次数进行分类。

1. 按生长季节分

（1）春梢

从立春（2月上旬）到立夏（5月上旬）抽生的梢为春梢（图3-4），春梢是一年中最重要的枝梢。春梢抽生整齐，数量多，叶片厚实。春梢叶片是树体的主要功能叶，光合作用强，光合效率高，容易形成花芽，这些特征使得春梢成为柑橘成年结果树的主要结果母枝和结果枝。在生产上，应当重视培养健壮的春梢，以确保其成为良好的结果母枝。

（2）夏梢

从立夏（5月上旬）到立秋前（8月上旬）抽生的梢为夏梢（图3-4）。夏季是高温多雨的季节，因此夏梢生长速度快，但粗壮而不充实，抽生不整齐，数量少。夏梢叶片肥厚，叶形变化大，光合能力差。柑橘梢在夏梢生长期间至少会抽发两批，抽发较早的那批被称为早夏梢，而在早夏梢老熟之后抽发出的新梢，则被称为晚夏梢。

夏梢生长期长，生长次数多，从5月上旬至8月上旬的三个月中随时都会生长，正常情况下幼年树一年可生长2～3次夏梢，成年结果树长1次或不长夏梢。夏梢生长期正是柑橘坐果和幼果生长期，梢果生长争夺养分矛盾突出，是枝梢调控的关键时期。尽管夏梢不是结果的主要枝梢，但在树冠骨干枝的形成中扮演重要角色，在幼树整形时，可以充分利用夏梢构成树冠骨干枝，加速树体成形。

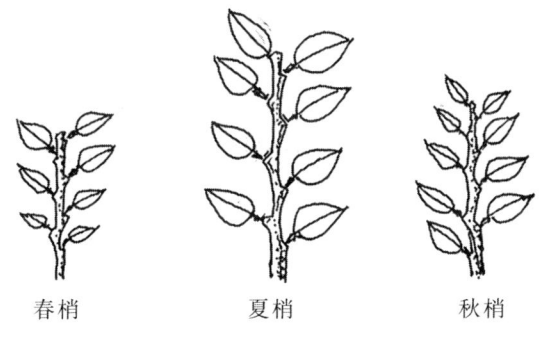

春梢　　　　　　夏梢　　　　　　秋梢

图 3-4　各次梢示意图

（3）秋梢

从立秋（8 月上旬）到立冬前（11 月上旬）抽生的梢为秋梢（图 3-4）。秋梢在抽生数量和枝梢质量上介于春梢和夏梢之间。其中 8 月上旬到 9 月上旬抽发的梢，是真正的代表性秋梢，也称为早秋梢。早秋梢长短、叶片大小均介于春梢与夏梢之间，前期叶片较大，后期叶片较少，叶片薄，色泽淡，早秋梢可培养成良好的结果母枝，具有扩大树冠和克服大小年结果的作用。幼年结果树要充分利用秋梢，可通过回缩枝组、摘除顶果、抹除夏梢来培养秋梢（图 3-5），使柑橘尽早达到高产。9 月中旬到 10 月份抽生的为晚秋梢，晚秋梢成熟度差，叶片薄，色泽浅，在北亚热带地区当年不能充分老熟，易遭冻害，生产上无利用价值；在南亚热带地区因冬季较暖，可作为幼树扩大树冠用。

（4）冬梢

立冬（11 月上旬）以后抽生的梢为冬梢。因抽生期低温的影响，冬梢短小细弱，抽发时消耗树体养分，影响休眠，降低树体抗寒力，无生产利用价值，要严格控制冬梢抽生或将其及时抹除。

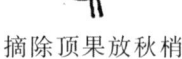

回缩枝组放秋梢　　　　摘除顶果放秋梢　　　　抹除夏梢放秋梢

图 3-5　培养秋梢方法示意图

2. 按一年中新梢抽发次数分

（1）一次梢

一次梢指在当年内的春、夏、秋各季，只在上年或往年的枝梢上抽发一次新梢，且当年不再在这次梢上继续抽发梢。其中以一次春梢占绝大多数。

（2）二次梢

二次梢指在当年的一次梢上再抽生一次新梢。例如，春梢上再抽生夏梢或秋梢的叫春夏二次梢或春秋二次梢，也有在当年夏梢一次梢上抽生秋梢的，即夏秋二次梢，但以前一种情况居多。幼年树和初结果树，生长势旺，常在春梢上抽生较多的强夏梢。在生产中采取措施（如摘心、扭梢）也可促使二次梢的形成。

（3）三次梢

三次梢指在当年的二次梢上再抽生一次新梢。三次梢的形成一般有两种情况：一种是一年中连续抽生春、夏、秋梢，这种情况比较少见，只有幼树上才发生；另一种是采取控夏梢后，在春梢上连续抽发两次秋梢。后一种情况因最后一次梢生长迟，发育不充分，不易形成花芽，生产上没有应用价值。

柑橘枝梢形成花芽的能力与其发生级数密切相关。柑橘花芽通常形成在当年的末级枝梢上，春梢和秋梢是柑橘的主要成花结果母枝。在柑橘树的生长发育过程中，春梢抽生夏梢或秋梢后，春梢部分就不再具备形成花芽的能力，而夏梢部分或秋梢部分末端可成花。所以修剪时，剪去枝顶也就意味着剪去了开花的部分。条件好的情况下，夏、秋梢末端也可以成花，但如果夏、秋梢营养过强，或者秋梢停止生长较晚，则在其顶上也不会形成花芽，有花芽也会发育不良。

（三）枝

梢长大了就变成了各种各样的枝。

1. 按性质分

（1）营养枝

当年不开花结果的枝梢为营养枝。春梢分营养枝和结果枝，夏、秋梢都是营养枝（图3-6）。

结果枝　　　　　　营养枝

图3-6　结果枝、营养枝示意图

（2）花枝、结果枝

当年抽生的新梢中，有花的叫花枝。花枝在适当的环境和营养条件下，会分化出花芽并开花，进而结果。花枝根据其上是否有叶片，可以分为有叶花枝和无叶花枝。

着生有果实的叫结果枝（图3-7）。结果枝通常节间较短，叶片较小或无叶，由于供应果实发育，养分输导频繁，枝条多半粗壮呈圆形，常出现木栓化的灰褐色条纹。柑橘的结果枝大多是先年枝上抽生出来的，也有发生在多年生枝上。柑橘的结果枝主要是春梢，但对于一年多次开花的品种，如金柑、四季橘和柠檬等，各季梢也能成为结果枝。

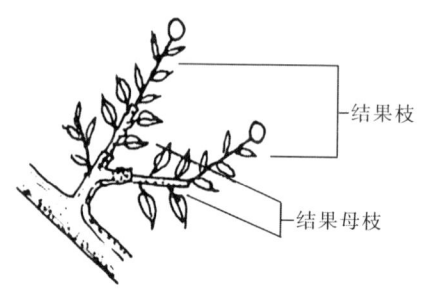

结果枝

结果母枝

图3-7　结果枝组示意图

　　结果枝分为无叶结果枝和有叶结果枝两大类，前者有花无叶，有一花至多花，仅基部存留叶痕；后者花和叶俱全。有叶结果枝的花和叶比例也有所不同，有多叶一花，有花和叶数相等，亦有少叶多花等情况。在柑橘树的生长发育过程中，未达到高产的幼龄结果树通常会抽生较多的营养枝和有叶结果枝，而老年树则往往营养枝较少，无叶结果枝多。

　　①有叶花枝、有叶果枝：有叶花枝指的是顶部有一朵或数朵花，下面着生一片或几片叶片的花枝（图3-8）。这类花枝通常由树冠的中上部、发育充分、营养条件良好的母枝分化而成。由于花器的健全发育以及充足的养分供应，有叶花枝的着果率通常较高，因此在生产上被认为是比较好的花枝类型。

　　②无叶花枝、无叶果枝：无叶花枝是指花枝顶部有一朵或数朵花，但其下部的枝条和叶片退化、短缩，仅留下少数叶痕的花

枝（图 3-8）。这种花枝的产生可能是树体营养不足、环境胁迫或病虫害等原因所致。无叶花枝的开花时间可能与有叶花枝相近，但由于其叶片退化，对果实的营养供应不如有叶花枝充足，因此着果率相对较低。

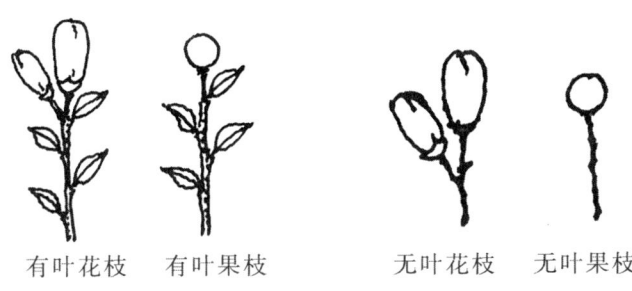

有叶花枝　　有叶果枝　　　　无叶花枝　　无叶果枝

图 3-8　花枝果枝类型示意图

③落花落果枝：结果枝开花后，没有坐住果，花和果全脱落了，叫落花落果枝。落花落果枝一般瘦小衰弱，营养水平低，多数发育不良，因此很难着果。在柑橘园管理中，应尽量疏除落花落果枝，促进新梢的生长和发育。

（3）结果母枝

着生结果枝的枝叫结果母枝（图 3-7）。结果母枝按抽生时间可分为以下四类。

①春梢结果母枝是指在春季抽生的新梢。春梢的年生长周期较长，枝梢生长充实健壮，节间较短，叶片厚实，芽发育良好，花芽分化完全，坐果率高，是各类柑橘的主要结果母枝。不同品种和树龄的柑橘，其春梢结果母枝所占比例有所不同，幼年结果树约占 50%，而成年结果树可达 80%。此外，各种柑橘的春梢结果母枝在长度、粗细等方面也存在差异，例如：温州蜜柑的春梢结果母枝理想长度 10～20 cm，粗 0.35～0.40 cm；甜橙以长

度 10～15 cm，粗 0.3～0.35 cm 的结果母枝较好。

②夏梢结果母枝是指在夏季抽生的新梢。夏梢通常从落花落果枝或者成熟的春梢上生长而来。若生长不充实，则不易成为结果母枝。

③秋梢结果母枝是指在秋季抽生的新梢。秋梢是仅次于春梢的柑橘结果母枝，尤其对于幼年结果树而言，秋梢结果母枝数量多，结果好，是幼树高产的前提。柑橘进入结果期后，通过控制夏梢的生长，为秋梢的发育积贮养分，使得秋梢生长更加健壮，花芽分化更加充分。然而，柑橘的秋梢生长周期较短，叶片制造的养分有限，枝梢末端发育不够充实，芽的发育也欠健全，因此其顶端通常出现无叶花多的情况，导致坐果率较低，果形小。这种特性对于甜橙的果实生长不利，但对温州蜜柑有利用价值。果形小，果皮薄，商品品质更好。柑橘秋梢结果母枝相对较长，对于甜橙而言，理想的秋梢结果母枝长度应为 15～20 cm，粗为 0.40～0.45 cm 最佳；温州蜜柑理想秋梢结果母枝长度以 20～30 cm为好，粗以 0.4～0.5 cm 为宜，尤其是 7 月中下旬生长的早秋梢，是温州蜜柑最优良的结果母枝，发育充实，坐果率高。

④多年生结果母枝是指在柑橘树上已经生长多年并具备结果能力的枝条。由于多年生长，这些枝条的树皮较为粗糙，枝干较为坚硬，养分储备丰富，能够为果实提供充足的营养和水分。在柑橘生产中，多年生结果母枝是柚类的主要结果母枝。它们不仅能够结出大量的果实，果实品质通常也较为优良。因此，在柑橘树的栽培管理中，需要特别注意多年生结果母枝的保护和修剪利用，以确保其能够持续稳定地生产高质量的果实。需要注意的是，多年生结果母枝的生长和发育也会受到多种因素的影响，如土壤肥力、气候条件、病虫害等。因此，在栽培管理中需要综合

考虑各种因素，采取科学合理的措施，以促进多年生结果母枝的生长和高效结果。

（4）结果枝组

由几个结果母枝构成一个枝序，叫结果枝组。

2. 按功能分

树冠的骨干枝有主干、主枝和副主枝（图3-9）。

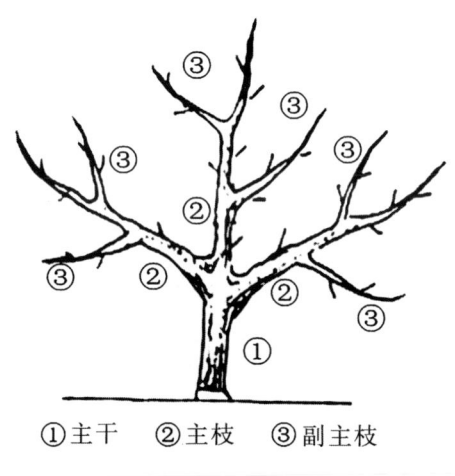

①主干 ②主枝 ③副主枝

图3-9 骨干枝

（1）主干

树冠与根系连接的枝干，叫"主干"。主干有高有矮，若从主干基部分枝的则无主干。

（2）主枝

从主干上生长的一级枝梢，叫"主枝"，是构成树冠的骨干枝。

（3）副主枝

从主枝上生长的大枝，叫"副主枝"。

3．按长势分

（1）纤细枝

生长比较细弱的枝，叫纤细枝。这种分类没有统一的标准。一般来说，与正常枝条相比，生长较弱的就被归类为纤细枝。纤细枝光合效率低，通常发生在衰弱树或隐蔽处，一般均应疏除。

（2）徒长枝

由树冠骨干枝潜伏芽萌发，生长快，长势旺，长度通常可达30 cm以上，有的甚至可长到1 m以上。这些枝条的节间较长，组织不充实，多发生在夏季。徒长枝易扰乱树形，一般均应疏除。新的修剪方法，也可因树制宜，有空间的加以改造利用，也能结果（图3-10）。自然圆头形、变则主干形的中心干和主枝需3～5年才能培养形成。若苗木质量不高或幼树管理不善，培养主干、主枝较难，可充分利用徒长枝换干、换枝，不要一律剪除，这样可加速树冠的形成。

图3-10　利用徒长枝示意图

（3）直立枝

直立枝是指抽生在斜生或平生大枝背面的旺盛枝条，其生长方向直立，生长势头强劲。直立枝比徒生枝生长弱，不徒长但也不中庸，因其直立的生长方式，不易形成结果母枝。

（4）下垂枝

下垂枝是低于各级枝水平高度的枝和枝组，因下垂营养输送不到位，生长势头较弱，开花坐不住果，乃至连花都不能形成，一般均疏除（图3-11）。

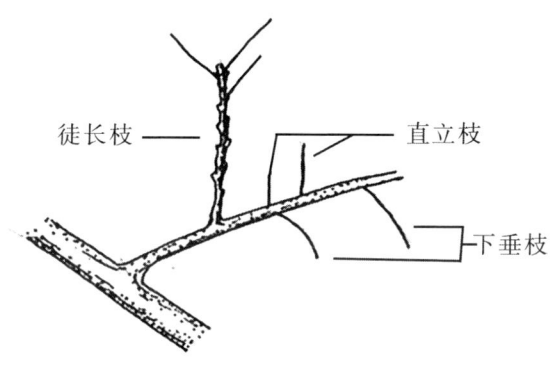

图3-11 各类枝示意图

（5）衰弱枝

柑橘衰弱枝是指柑橘树上生长能力弱、营养状况差的枝条。这些枝条通常叶片数量较少，体积较小，质地较弱，品质较差。

（6）落地枝

柑橘落地枝也称为"拖地枝"或"下垂枝"，是指那些由于生长过旺、角度开张过大或者受病虫害、人为等因素的影响，导致枝条生长下垂并贴近地面的柑橘树枝条。这些枝条往往长时间接触地面，容易受到病虫害的侵袭，同时也会影响树体的通风透光，进而影响柑橘的产量和品质。

4. 按生长状况分

生长旺盛的幼树，夏、秋梢抽生常出现轮生状，一个芽眼抽生几个梢，或几个梢密生在一起，形成轮生状枝，可分为以下三种

（图 3 - 12）。

（1）并头枝

2 个梢同时抽生在 1 个芽眼，或 2 个芽眼密挤抽生 2 个一样大的新枝，称"并头枝"。

（2）鸡爪枝

1 个芽眼同时抽 3 个枝，或 1～3 个芽眼，似鸡爪状，称"鸡爪枝"。

（3）扫把枝

基枝较壮，节间密，如果营养充足，生长旺，多个节芽眼同时抽生新梢，形成多枝轮生的扫把状，称"扫把枝"。在柑橘高接换种时，常出现这种扫把状轮生枝。

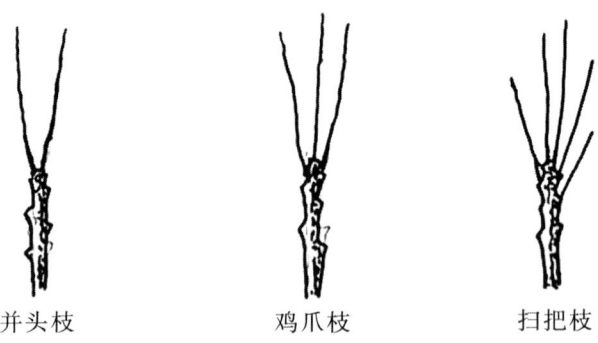

并头枝　　　　　　鸡爪枝　　　　　　扫把枝

图 3 - 12　各类枝示意图

5．按枝龄分

（1）一年生枝

当年春、夏、秋、冬各季抽发的梢（包括二、三次梢）称为一年生枝。

（2）多年生枝

往年抽发的枝为多年生枝。

　　总之，各类枝梢在它们的生长发育过程中展现出独特的形态特点和功能作用。深入理解这些枝梢的数量变化、生长强度以及它们各自不同的作用，对于优化柑橘树的整形修剪工作具有举足轻重的意义，是实现高效、科学修剪的关键。

（四）叶

　　柑橘类的叶正常情况下都是复叶，由主叶和翼叶组成。按生长时间可分为春梢叶、夏梢叶、秋梢叶（图3－13）。

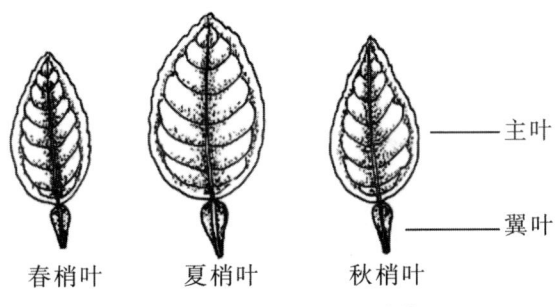

春梢叶　　　　夏梢叶　　　　秋梢叶

图3－13　不同类型的叶片

1. 春梢叶

　　春季抽生的新梢上生长的叶片，叫春梢叶。春梢叶的生长周期长，叶片厚实，营养积累丰富，对于柑橘树的生长和开花结果具有重要的作用。

2. 夏梢叶

　　夏季抽生的新梢上生长的叶片，叫夏梢叶。夏梢叶的生长速度较快，但易与幼果争夺养分而引起落果，因此在栽培管理中，结果树需要控制夏梢的生长。

3. 秋梢叶

　　在秋季抽生的新梢上生长的叶片，叫秋梢叶。秋梢叶的生长状况对于柑橘树的营养积累和第二年的产量具有重要影响。

（五）根

柑橘的根具有固定支撑树体，吸收水分、矿物质和养分，以及参与有机营养物质的合成与贮运等重要功能。实生树的根系自种子的胚根及其分生组织生长而成。扦插及压条树则为枝条的伤口产生愈伤组织后，由茎内各组织分化根原体形成不定根分枝而成。嫁接树的根系来源于所用的砧木。按功能可分为主根、侧根、须根、垂直根、水平根（图3-14）。

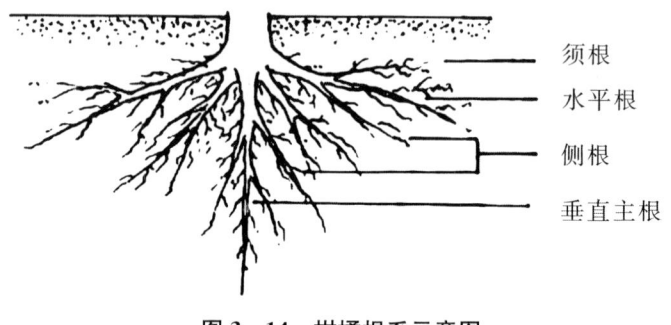

须根
水平根
侧根
垂直主根

图3-14　柑橘根系示意图

1. 主根

种子萌发时，胚根突破种皮、向下生长发育而形成的根的主干叫主根。主根和大侧根构成植株骨干根，主要负责固定支撑树体和输送水分、养分，对于树体的稳定和生长至关重要。主根断根后较难再生新根。

2. 侧根

从主根上生长出的分支根，帮助根系在土壤中扩大分布范围，增加植物对水分和养分的吸收能力。侧根的大小不一，大的侧根连接主根，小的侧根分生须根。

3. 须根

须根生长在主根和各级侧根上，多数呈网状，具有明显的主轴和从属关系。须根的寿命相对较短，通常在一个生长期或一年后逐渐衰老，一部分生长成侧根，一部分死亡，再由小侧根和老须根生长出新的须根，形成新的吸收根。柑橘根系有很强的再生力，尤其是小侧根和须根，受伤后极易恢复长出须根。深耕改土，改造小老树、衰弱树的技术，就是利用柑橘根系这一生长特性。

柑橘须根与土壤中的真菌共生，形成菌根。这种共生关系能显著提高根系的吸收能力，提高根系对磷等关键养分的利用率，并有助于分解土壤中的难溶性矿物质，从而丰富土壤中的养分供应。此外，菌根还能分泌出对柑橘生长有益的生长激素和维生素，进一步促进柑橘树的健康生长。

最后，须根在固定和支撑柑橘树方面也发挥着重要作用。它们深入土壤，与土壤紧密结合，为柑橘树提供稳定的支撑，防止因风吹雨打等外部因素导致的倒伏或倾斜。

4. 垂直根

柑橘根系中的一部分。柑橘幼苗定植后，首先往下生长垂直根。垂直根主要沿着土壤深层向下延伸，其角度在 $35°\sim90°$ 之间。垂直根有助于植物在深层土壤中寻找水分和养分，特别是在干旱或养分贫瘠的环境中。

5. 水平根

水平根也是柑橘根系的重要组成部分，主要沿土壤表层生长，其角度通常在 $30°$ 以内。水平根在土壤表层形成密集的根网，有助于植物吸收表层土壤中的水分和养分，并且起到固定植物的作用。水平根在发育良好时，有助于地上部较顺利地向生殖生长转化，进而实现开花结果。

柑橘根系的生长一年有 3 次高峰期，分别出现在3—5月、7—8月、9—10月，根系生长与枝梢生长交错进行。枝梢生长，根系就停止生长，而枝梢停止生长，根系就生长。

柑橘根系的分布和生长受多种因素影响，包括土壤条件、柑橘品种、栽培环境、砧木种类和管理水平，其中土壤条件是影响根系分布和生长的最关键因素之一。土层深厚肥沃、透气性良好的土壤，有利于根系的生长发育，使根群发达，根系能更深入、广泛地扩展；反之，若土壤贫瘠或透气性不佳，根系生长不良，分布浅且不发达。在生产栽培上，创造良好的土壤环境促进根系的生长，可有效提高柑橘的产量和品质。

二、生物学特性

（一）芽的性质

1. 早熟性

柑橘的芽在新梢停止生长、叶片转绿后，就基本成熟，这时只要养分供应充足，又能马上萌芽抽梢。由于芽的早熟性，柑橘能一年多次发芽、多次长梢，形成密集的树冠，因而具有成形快、结果早和丰产的可能性。

2. 异质性

柑橘芽随生长部位、生长时期和形成条件的不同显现出极大的差异。由顶端到基部，芽由强变弱，最下部的芽呈潜伏状态，有明显的异质性。

3. 潜伏性

柑橘各季生长的枝梢，基部几个芽都是隐芽，潜伏不发。大树干上也有大量的潜伏芽，可潜伏几十年，当枝条、树干受到重伤，重短截后，下部枝干潜伏芽就可大量萌发，这是老树更新的重要依据。

（二）顶芽自剪

柑橘各季枝梢生长一定时间后，顶端产生离层，顶部几个芽脱落，这叫"顶芽自剪"。下次长梢由顶芽下部的侧芽生长，也可几个芽同时生长。由于侧芽代替了顶芽的生长，顶端优势削弱，这样长成的柑橘分枝为假轴状分枝，不易形成中心主干枝（图3-15）。

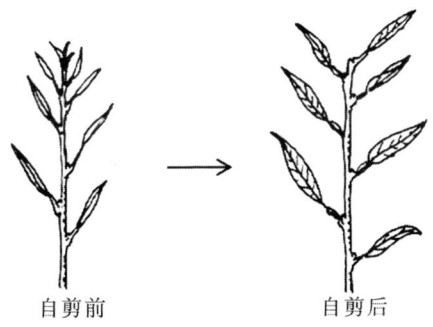

自剪前　　　　　　　　　自剪后

图3-15　顶芽自剪示意图

（三）顶端优势

柑橘枝梢生长具有明显的顶端优势，上部生长势最强，直立性强，以下逐渐变弱，枝条开张角度逐渐增大，最下部呈潜伏状（图3-16）。而这种顶端生长优势，随其枝梢生长垂直角变化而变化，垂直角小，柑橘生长直立，顶端优势明显；随生长垂直角增大，生长优势变弱，直到生长为水平状后便没有生长优势（图3-17），这就叫"顶端优势"。通过适当地摘心或短截可以解除顶芽对侧芽的抑制，促使侧芽萌发生长发育，生产上可利用这一特性控制生长与结果。

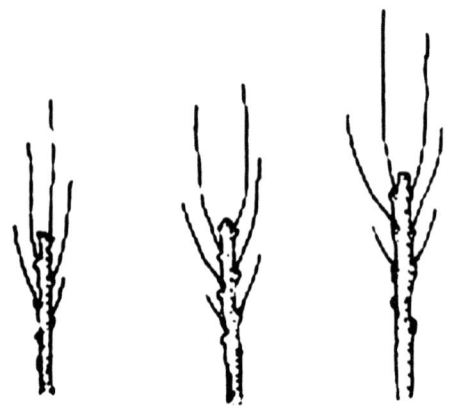

图 3 - 16 顶端优势示意图

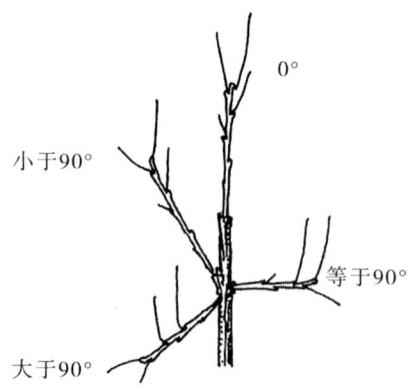

图 3 - 17 不同水平垂直角的顶端优势示意图

（四）花芽分化

柑橘芽分化是受到内源性激素和外界环境的综合影响，由叶芽转变为花芽，或者是叶、花混合芽的过程，这个过程被称为

"花芽分化"，是柑橘从营养生长向生殖生长转变的生理和形态标志。一般而言，柑橘的花芽分化过程从 9 月下旬延续至翌年 3 月，分为两个关键阶段。

第一个阶段是生理分化期，发生在形态分化之前的 20～30 天内，主要集中在 9—11 月。在这个关键时期，管理措施如干旱处理、水分管理、氮素控制、枝条管理以及环割等都对花芽分化起着至关重要的调控作用。

第二个阶段是形态分化期，从 11 月开始，持续到翌年 3 月。在这个阶段，花芽的各个部分开始形态分化，直至完全成熟。柑橘花芽分化受到特定条件的影响，包括种类、品种以及栽培地区的气候条件等。在特殊的气候条件下，例如秋季干旱可能引发二次开花，而在柑橘黄龙病感染的枝条上也常见秋梢开花现象。

（五）分枝角

新抽生的枝梢与基枝中心线的夹角叫分枝角（图 3 - 18）。主枝分枝角是主枝与中心主干枝，或主干中心线的夹角。主枝的分枝角小，主枝生长直立，生长旺盛；分枝角大，主枝生长不良。随着分枝角增大，主枝生长势由强变弱，直至水平状，生长势受到抑制。

主枝分枝角随主枝延长生长，前段为基角，中段为腰角，后段为尾角（图 3 - 19）。

（六）生理落果

生理落果指柑橘树在生长过程中，由于内部生理机制的作用，导致果实自然脱落的现象。这是柑橘生长过程中的一种正常现象，与树势、光照、养分供应等多种因素密切相关。

一般来说，柑橘的生理落果可以分为三个阶段。前两次落果发生在谢花之后，属于幼果期的生理落果，第一次生理落果是幼

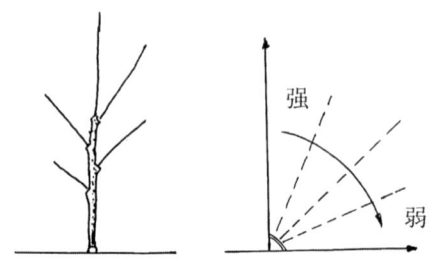

图 3‑18　枝条生长势与分枝角的相关性示意图

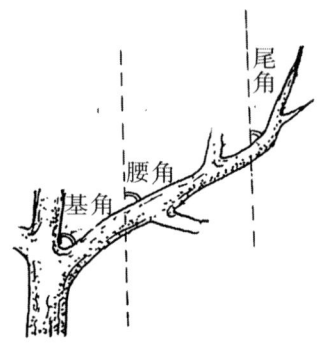

图 3‑19　主枝分枝角示意图

果带着果柄脱落，而第二次生理落果则是幼果不带果柄的脱落。最后一次落果是采前落果，发生在果实接近成熟时。

　　生理落果是柑橘树自我调整的一种方式，通过淘汰弱小或不健康的果实，保留优质果实，从而提高整体果实的品质和产量。然而，如果生理落果现象过于严重，可能是树势过旺或过弱、光照不足、养分供应不均等原因导致的，这时就需要采取相应的管理措施进行调整和改善。

（七）地下地上相关性

柑橘的地下地上生长表现出明显的正相关性。这意味着，如果地下的垂直主根生长良好，树体的高度也会相应增加；如果水平的侧根发达，树冠的宽度也会随之扩展（图 3-20）；甚至根系在某一侧发展充分，该侧的枝叶生长也会更加茂盛。因此，在对生长过程中的柑橘采取各种修剪措施时，必须注意到这种相关性，尽可能地维持这种平衡状态。维持根系与地上部分的平衡发展对于柑橘树的健康生长和产量的提高至关重要。

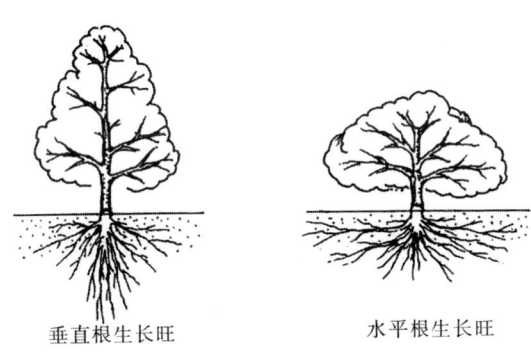

垂直根生长旺　　　　　　　水平根生长旺

图 3-20　地下地上相关性示意图

三、品种特性

柑橘树的品种特性对于整形修剪至关重要。品种特性包括生长势、树姿和枝梢生长状态，它们决定了柑橘树的外形、生长方式以及果实产量和品质。在进行修剪时，必须充分考虑这些特性，并制订相应的修剪策略，以保持树体的平衡和健康发展。

（一）生长势

柑橘各个品种的生长期有所差异，不同树龄的生长势强弱也各不相同。因此，整形修剪时，需根据树势强弱来制订具体的修剪技术措施。

1. 强旺树

新梢数量多且长，营养枝多，而结果枝相对较少。在修剪时，可以考虑适当减少营养枝的数量，以促进结果枝的生长和果实的发育。

2. 中庸树

新梢分布均匀，生长充实健壮，徒长直立枝较少，营养枝和结果枝的比例相对正常。在修剪时，主要维持其生长平衡，稍作调整以保持树形美观和果实品质。

3. 衰弱树

新梢细弱短小，内膛枝大量枯死，骨干枝基部直立徒长枝较多，花量过多或过少。对于这类树，修剪的重点在于恢复树势，通过去除枯死枝和徒长枝，促进新梢的生长和树体的复壮。同时，根据花量情况，合理调整结果枝的数量，以保证果实的产量和质量。

（二）树姿

柑橘的树姿包括直立、平展、开张和披垂等类型。不同的树姿影响着树冠的外观、光照和果实品质。

1. 直立

直立树姿的柑橘品种树冠紧凑挺拔，有利于光照穿透和空气流通。过于直立的枝条可能导致树冠内部光照不足，影响果实品质。修剪时应适当开张枝条角度，增加树冠内部的光照面积。

2. 平展

平展树姿的柑橘品种树冠水平展开，枝条分布均匀，有利于树冠内部的光照和空气流通，果实分布均匀且品质优良。修剪时，应保持枝条的均匀分布，避免局部过密或过疏。

3. 开张

开张树姿的柑橘品种树冠开张，枝条向外扩展，有利于树冠的扩大和光照的充分利用。但为了避免树冠过于庞大导致管理困难，修剪时应控制枝条的扩展速度，及时去除过长或交叉的枝条。

4. 披垂

披垂树姿的柑橘品种树冠呈下垂状，枝条下垂，虽然具有独特的美观效果，但可能导致果实受光不足，品质下降。修剪时应适当抬高下垂的枝条，增加果实受光面积，提高品质。

（三）枝梢生长状态

枝梢生长状态是由树冠骨架生长状态不同形成的，而1～2年生枝梢生长状态与修剪关系紧密。因此，在修剪过程中，我们应依据不同枝梢的特点来制订策略。

1. 直立

对于直立的枝梢，其生长方向向上，有助于树冠的扩展和光照的利用。然而，过于直立的枝梢可能导致内部光照不足，影响果实品质。修剪时应多采取压枝措施，并通过短截来促进分枝的萌发，从而平衡树冠的生长。

2. 平展

平展的枝梢生长使枝条分布均匀，有利于树冠内部的光照和空气流通。这种生长方式对于提升果实品质和产量具有积极作用。在修剪时，应多采取提升枝条的措施，以保持其平展的生长状态。

3. 披垂

披垂的枝梢生长表现为枝条下垂，虽然具有独特的美感，但可能导致果实受光不足、品质下降。同时，下垂的枝条还可能影响树体的稳定性。因此，修剪时应适当疏除下垂的枝条，以改善树冠的光照条件。

4. 徒长

徒长的枝梢生长表现为枝条过长，超出正常范围。这种生长方式可能导致树冠过于庞大，增加管理难度，并影响果实品质和产量。因此，对于徒长的枝条，应及时进行修剪和控制，防止其过度生长。

总之，直立的枝条要压，短截促发分枝，平展的枝条要提，下垂状的枝条要疏，徒长状的枝条要控等，以达到平衡生长的枝条。

第四章　柑橘整形修剪的基本方法

一、整形修剪的基本方法

（一）短截及其利用

将枝梢的先端部分剪去称"短截"。剪去枝梢先端的 1/3 为轻短截，剪去 1/2 为中短截，剪去 2/3 为重短截（图 4-1）。短截的作用是促发多而健壮的新梢，降低分枝部位，控制树冠过快增长，增加树枝分枝级数。

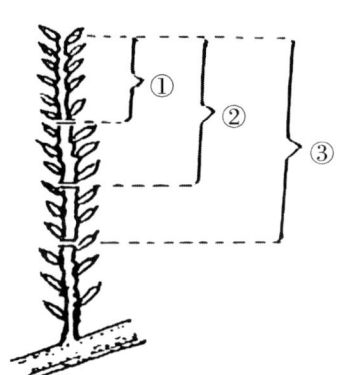

① 轻短截；②中短截；③重短截

图 4-1　短截方法

1. 枝梢短截

轻短截促发的新梢多，萌芽快，长势均匀中庸；中短截促发的新梢多，且长势旺；重短截促发的新梢较少，萌芽稍慢，长势旺（图4-2）。

①轻短截　　②中短截　　③重短截

图4-2　不同短截及其效果示意图

2. 幼梢摘心（打顶）

新抽生枝梢未成熟前，将枝梢先端摘去一部分称"摘心"，也称"打顶"（图4-3）。"摘心"的作用是控制新梢生长，促使枝梢成熟，提早抽发下次梢。

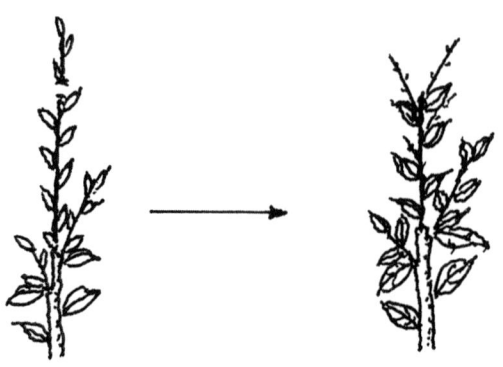

图4-3　摘心方法示意图

3. 剪梢（枝）

新梢长叶后，由新梢长成了新枝。在此前，枝梢木质部逐渐老化，用手已不能摘除，需用枝剪剪去幼嫩梢的一部分，即叫"剪梢"或"剪枝"。其作用是避免养分的无效消耗，缩短枝梢生长期，促进分枝。打顶（摘心）、剪梢（枝）均是枝梢不同生长期的短截修剪方法。

4. 短截应用

以下是几种短截的应用。

摘心 柑橘幼树生长旺盛时，尤其是夏秋梢展叶后，对生长过长的梢可摘心，保留8～12片叶以加速老熟、生长充实。但结果前一年的秋梢应不摘心，以免减少花量，确保形成优质结果母枝，为早结丰产打下基础。

轻短截 促发的新梢多，长势均匀。

短截主枝、副主枝延长枝 短截在幼年树整形修剪中用得较多，将主枝、副主枝的延长枝与长枝短截，促发分枝多，增加分枝级数，树冠扩大快，成形快，投产早。

短截直立旺枝 短截幼树直立旺枝，促进分枝形成，增加树冠的丰满度。结果树短截内膛的直立旺枝，不仅能促进分枝，充实内膛，还能提高果实的品质和产量。

短截二、三次梢结果母枝 调控花量，使树体养分更加集中，提高果实品质。短截先端部分能减少花量，提高着果率。为培育优质春梢，可短截夏、秋梢营养枝，促发更多春梢营养枝。

短截二、三次梢 降低分枝部位，调整树冠形态，优化光照分布，进一步提高光能利用率（图4-4）。

短截或回缩 对于落花落果枝，夏剪时短截或回缩落花落果枝（剪去多年生枝一部分），促发秋梢，培养成优良结果母枝（图4-5）。

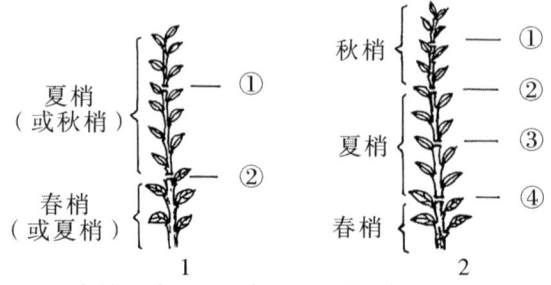

1.二次梢（春+夏、春+秋、夏+秋）
①剪去二次梢先端部分　　②剪去全部二次梢
2.三次梢（春+夏+秋）
①剪去秋梢先端部分　　②剪去全部秋梢
③剪去部分夏梢和全部秋梢　　④剪去全部夏梢和秋梢

图4-4　短截二、三次梢示意图

落花落果枝基部有营养枝，由　落花落果枝组无营养枝，从
营养枝回缩，剪去落花落果枝。基部疏删，或留2~3芽短截。

图4-5　短截、回缩落花落果枝方法示意图

（二）疏剪及其利用

疏剪是从基部分枝处将枝梢全部剪除，不留基桩的修剪方法
（图4-6）。疏剪的作用是疏去过多的枝梢，减少营养消耗，调
整树体结构，平衡营养生长与生殖生长，改善光照条件。

1. 疏芽

树体萌芽后，视树冠各部位新芽稀密情况，对生长密的树冠
进行疏芽，以保持合理间距，稀密合适的柑橘树生长健壮。

疏芽　　　　　　疏梢　　　　　　　疏枝

图 4-6　疏剪示意图

2. 疏梢

幼芽生长展叶后，芽变成了梢，这时疏除，叫"疏梢"。

3. 疏枝

梢老熟成了枝，这时疏除，即叫"疏枝"。疏枝的主要对象有细弱枝、强枝、<u>丛生枝</u>、徒长朝天枝、主干萌发枝。疏除密生芽宜早为好，不要等到生长成了枝才疏。从节约树体养分和节约用工出发，疏芽优于疏梢，疏梢优于疏枝。因此生产上不需要的萌芽和主干主枝上的潜伏芽等应尽早抹除。

4. 疏花疏果

将枝梢生长的花蕾或幼果摘除，即为"疏花疏果"（图4-7），也是疏剪方法的一种。

疏花　　　　　　　　　　疏果

图 4-7　疏花疏果示意图

71

5. 疏剪的应用

疏剪是柑橘树修剪中的重要技术,其应用广泛且针对性强。

(1) 疏剪密生枝、细弱枝、枯枝和病虫枝等,增强通风透光

密生枝和细弱枝往往生长势弱,不易形成有效的结果母枝,而且它们密集分布,会遮挡阳光,影响树冠内部的光照和通风(图4-8)。枯枝和病虫枝则成为病虫害的滋生地,对树体造成不良影响。因此,及时疏剪这些枝条,可以有效增强树冠的通风透光性,提高光合效率,为果实生长提供良好的环境。

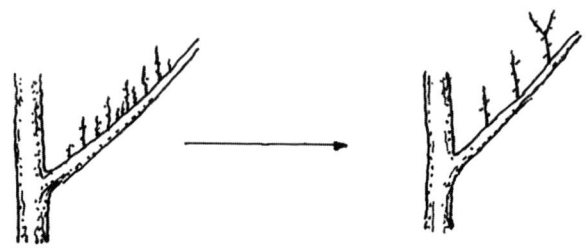

图4-8 疏剪密生枝、细弱枝

(2) 疏剪徒长枝,平衡树势,维持树体结构

徒长枝往往生长过旺,超出正常范围,它们会破坏树冠的平衡结构,影响树势的稳定。疏剪徒长枝,不仅可以平衡树势,使树冠结构更加合理,有利于养分的合理分配和树体的健康生长,而且还能促进其他枝条的生长和发育,提高果实的产量和品质。对于部分生长势较强但位置合适的徒长枝,在不影响树冠整体结构的前提下,可以选择长放或扭枝的方式改造利用,填充树冠内部空间或作为结果枝培养(图4-9)。

(3) 疏剪大枝,调整树冠结构,改善通风透光

对于树冠中过于密集或生长位置不当的大枝,进行适当疏剪

图4-9　疏剪、改造利用徒长枝

可以显著改善树冠的通风透光条件（图4-10）。这有助于提高叶片的光合作用效率，促进果实的着色和成熟。同时，通过调整大枝的分布位置和数量，可以优化树冠的结构和形态，使树体更加美观和健壮。

图4-10　疏剪大枝示意图

　　①逐年疏剪骨干枝上的辅养枝。辅养枝在幼树期起到辅助生长的作用，但随着树冠的扩大和结果量的增加，部分辅养枝可能变得多余或影响通风透光。因此，需要逐年进行疏剪，使骨干枝更加清晰，树冠结构更加合理。

　　②疏除临时大枝，调整骨干枝。在树冠形成过程中，有时会

出现一些临时性的大枝，它们可能遮挡阳光或影响骨干枝的生长。对这些临时大枝进行疏剪，有助于调整骨干枝的布局和生长方向，使树冠更加均衡和美观。

③疏剪顶部大枝，开"天窗"。顶部大枝过于密集会导致树冠内部光照不足。通过疏剪顶部大枝，可以打开树冠的"天窗"，增加内部光照，提高果实品质和产量。

④疏除中心枝，增加通风透光性。对于中心过于密集的树冠，疏除中心部分的枝条可以增加树冠的通风透光性，使树冠内部的光照更加均匀。这有助于减少病虫害的发生，提高果实品质。

（三）回缩及其利用

剪去多年生枝的一部分，叫"回缩"。主要用于成年结果树和衰老树的更新修剪。将失去利用价值的枝梢或枝干剪除，使老树、老组织重发新梢生长，更新树冠各级枝梢。

1. 回缩换头

柑橘回缩换头这一修剪技术，主要用于柑橘结果大树的修剪（图 4-11）。其步骤是剪去多年生枝组先端部分，降低或抬高延长枝，改变生长方向，调整生长势，更新树冠大枝或压缩树冠，防止大枝相互交错。

2. 枝组回缩

结果枝组经生长结果，部分枝梢逐渐衰弱，视生长结果情况，分年回缩更新。以保持树体的年轻状态，延长经济结果年龄（图 4-12）。

3. 衰弱枝回缩

从分枝处剪除多年生衰弱枝。这种修剪方法常用于树冠外密内空或大枝顶端衰退的成年树和衰老树。通过回缩衰弱枝，可以促进树势的恢复，增强树体的整体健康。同时，这也有助于促进新梢的生长和充实内膛，从而增加开花和结果量。在进行回缩修剪时，选择合适的剪口位置和留下强壮的剪口枝是关键，以确保修剪后的树体能够快速恢复并展现出更好的生长态势。

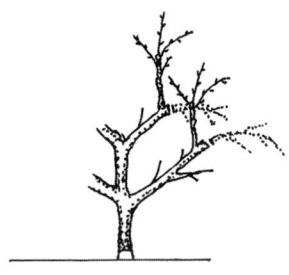 

图 4‑11　回缩换头示意图　　图 4‑12　枝组回缩示意图

4. 骨干枝回缩

柑橘树生长结果到一定的年龄，树体衰弱，营养生长不旺，树冠外层枝梢生长极差，大枝顶端衰退。针对上述情况，需进行骨干枝（大枝）更新（图 4‑13），更新树冠的大枝，控制树冠，改善树冠内部的光照条件，促发新梢，延长经济结果年限。回缩主枝，能有效控制树冠宽度，避免树体过于扩张。回缩树冠上部大枝，能降低树冠高度，维持树体结构的紧凑与平衡。

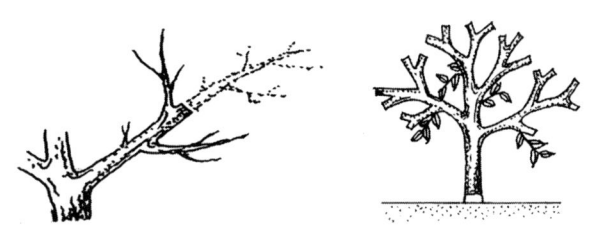

图 4‑13　骨干枝回缩示意图

5. 树冠回缩

有的树虽然衰弱，但树冠骨干枝还好，分布合理，也无病虫为害。这时的回缩修剪，在保持骨干枝完好的情况下，只回缩树冠，即缩剪外围枝序，压缩树冠，使外层枝更新生长（图4-14）。

图4-14　树冠回缩示意图

（四）拉枝、撑枝、吊枝

拉枝、撑枝、吊枝都是幼树整形调整主枝分生角所用的方法。由于顶端优势，在生产中，往往柑橘树分枝角大小不合乎整形要求，需要拉开或撑起分枝，增大分枝角或减小分枝角，以此调节骨干枝的分布和长势。拉枝和撑枝在培养树体骨架结构、合理枝条空间分布、改善光照通风条件等方面有重要作用。

1. 增大分枝角的方法（图4-15）

增大分枝角的方法如下：用土团吊挂；用布带拉枝；用砖、石块撑开；用树枝、竹撑开；伤干拉枝。

2. 减小分枝角的方法

一般柑橘品种都是分枝角小的多，所以需拉枝的多，但也有些树枝披垂的，这就需要撑枝，通过木棍等工具撑起果树的主侧枝，减小分枝角，以促使这些枝条形成适宜的开张角度，有助于优化树冠结构，增强生长势。减小分枝角的方法是用绳索拉枝、用竹竿撑枝（图4-16）。

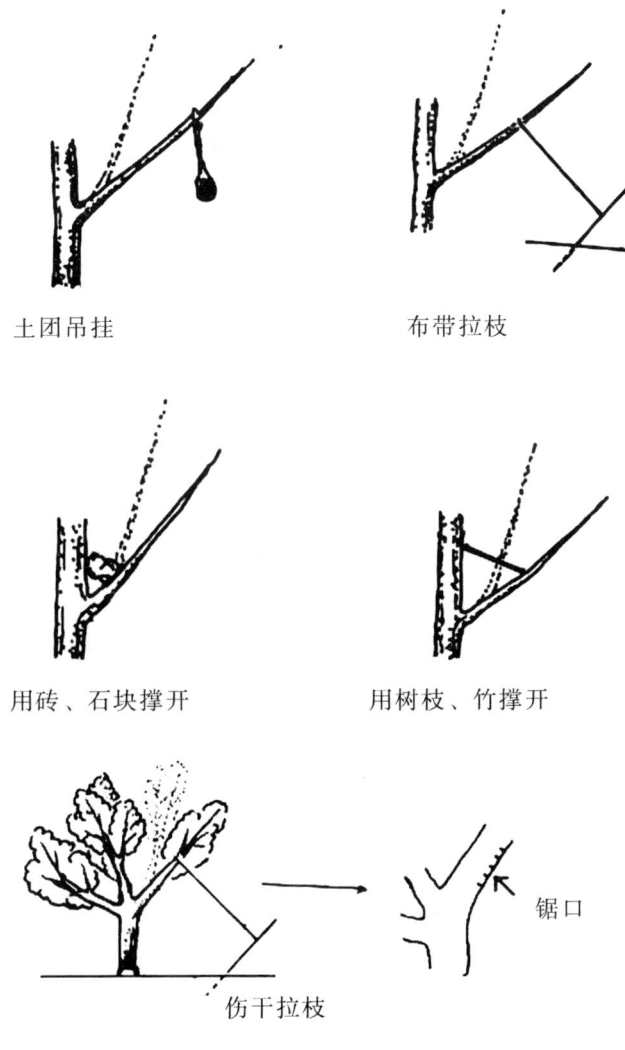

土团吊挂　　　　　　　　　　　　布带拉枝

用砖、石块撑开　　　　　　　　　用树枝、竹撑开

伤干拉枝　　　　　　　　　　　锯口

图 4‑15　增大分枝角的方法示意图

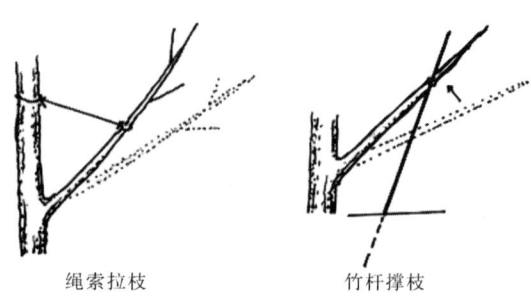

绳索拉枝　　　　　　　竹杆撑枝

图 4‑16　减小分枝角的方法示意图

（五）拿枝、曲枝、扭枝

用手将直立生长的新梢（尤其是徒长枝、竞争枝，在新梢中下部已完全木质化，但顶部还处在半木质化时）自基部向中上部逐渐下压，使之斜生或水平叫拿枝；使之弯下为曲枝；两手捏紧旋转 90°～180°为扭枝（图 4‑17）。上述措施主要是改变新枝生长角度，阻碍养分运输，抑制长势，促进花芽分化，提高坐果率。拿枝、曲枝、扭枝以生长期最宜，休眠期不宜进行。在不同季节应用时，效果也不同：春季可保花保果；夏季可缓和营养生长，促发早秋梢，促进开花结果；秋季可削弱营养生长，促进花芽分化，利于翌年丰产。

拿枝　　　　　　　曲枝　　　　　　　扭枝

图 4‑17　拿枝、曲枝、扭枝方法示意图

（六）环割、环剥、环扎

柑橘环割、环剥、环扎是调控树势的常用措施，都只能刻伤韧皮部，不能伤及木质部。其程度依品种和季节不同而不同，宽皮柑橘和金柑宜轻，柚类和橙类可稍重；秋季宜轻，春季可稍重。环割（剥）应选择生长旺、适龄不开花或开花少的树，和长势旺、开花多、着果少的树，不宜在树势中等或衰弱的树上应用。

1. 环割

将二年生以上生长势强的大枝或侧枝，在基部平滑处，用利刀环割1圈或2圈，称环割（图4-18）。环割主要应用于生长过于旺盛、适龄不开花的幼年结果树，目的是控树势，起到促花保果的作用。9月下旬至10月下旬进行环割，有效促进花芽的分化；谢花后环割保果效果较好。一般割直立旺长枝1圈，特旺枝可割2圈或环剥。

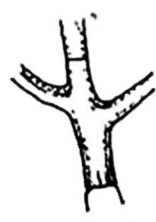

环割主干　　　　　环割直立主枝　　　　环割直立侧枝

图4-18　环割方法示意图

2. 环剥

将适龄不开花或开花不易坐果的旺长树主干或主枝环割2圈，间距3～5 mm，剥去皮层，称环剥（图4-19）。这种方法主要用于生长势旺、更新能力强的柚类和橙类品种。

半环剥，即选择在主干或主枝部位，剥去部分树皮，但不形

半环剥　　　　　全环剥　　　　　螺旋环剥

图 4 - 19　环剥方法示意图

成完整环状，旨在适度调节树势。全环剥则是在主干或主枝上切割一整圈，切断韧皮部，确保不伤及木质部，以促进花芽分化或控制树势。螺旋环剥则是按照螺旋状路径切割树皮，既减少对树体的伤害，又能有效控制梢的生长。

无论是哪种环剥，都需要注意以下几点：一是要选择天气晴朗、气温适宜的日子进行环剥，避免在雨天或气温过高/过低的情况下进行；二是环剥时要确保不伤及木质部，以免影响树体的正常生长；三是环剥后要及时处理伤口，以防止病虫害的侵入。

3. 环扎

将生长旺盛的主枝或大侧枝用 16 号或 14 号铁丝环绕扎 1～2 道，称环扎（图 4 - 20）。松紧以皮层外表湿润为准，30 天后解除，这种方法容易掌握强度。在中亚热带产区，对生长势不旺的品种，使用环扎比较安全。树势旺，可扎紧点，或多扎一道，或时间扎久点；反之则松，时间则短。

需要注意的是，环割、环剥和环扎都是对树体的人为伤害，如果操作不当，可能会对柑橘树造成严重伤害，甚至导致树势衰弱或死亡。因此，在实施这些措施时，一定要按照正确的步骤进行，并根据树体的生长情况和环境条件进行调整。一般在南亚热

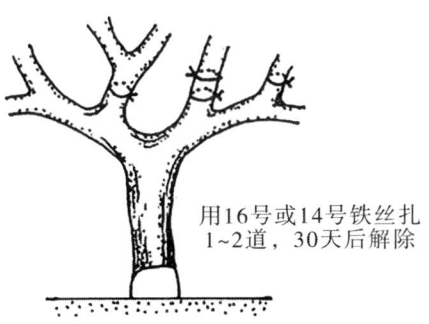

用16号或14号铁丝扎
1~2道，30天后解除

图 4‑20　环扎方法示意图

带使用环割较安全，在中亚热带使用环扎较安全，在北亚热带使用环割、环剥或环扎要慎重。

（七）断根

柑橘断根是指人为剪断部分根系，以刺激植株根部生长，从而促进柑橘的生长发育和提高其产量。断根的主要目的是限制根系的生长，防止它们过度扩张，促进植株健康生长和开花结果，更新根系。特别是在根系老化时，剪除老化部分，刺激新根的生长，可提高树体的吸收和供应能力。

在每年的 9—10 月，于树冠滴水线下开挖环状或条状沟（图4‑21），沟宽 30～40 cm、深 40～60 cm，开沟后切断 2 cm 以下的侧根，晾晒根部 30～60 天，以叶片微卷为度开始填土，结合深施有机肥以促新根。此方法不仅能显著促进全树的花芽分化，提高柑橘的产量和品质，同时也有利于树势的恢复和根系的更新。通过柑橘断根操作，有效调控柑橘的生长，实现果园的可持续发展。

断根可选择在秋梢老熟后进行，根据树体大小确定断根位置和强度，一般挖沟断去部分水平根系。断根后覆土并保湿，形成

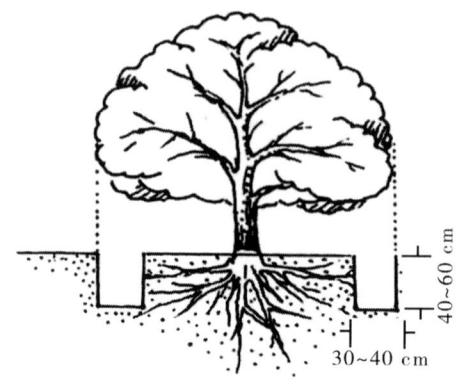

40~60 cm

30~40 cm

图4-21　断根方法示意图

愈伤组织并发出新根，新根数量和长度因树况和断根强度而异。同时，断根处理对果实增大和单果重无不良影响，反而提高了花量，增加了产量。树体通过断根得到了有效改造，新根增强了吸收能力，促进了整体生长和发育。

(八) 疏花疏果

柑橘疏花疏果目前均是人工进行，这样选择性强，效果明显。

1. 疏花

在柑橘开花以前，将多余的花蕾、花和花枝人工摘除或剪除的过程叫疏花（图4-22）。大形花品种如柚，以疏蕾、疏花、疏花序为主，先疏畸形花、病虫花、小花，后疏多余的正常花；而中小形花品种，如橙、柑、橘，以疏花序、花枝为主，先疏衰弱无叶花枝，后疏多余的正常花枝。

（1）疏花序、花枝

对果形大的柚类品种，在见蕾后进行花序疏除工作，每个结果母枝留1~3个花序，疏小留大，疏密留稀，疏上留下，疏外留内。小果形柑橘品种疏花枝，将衰弱纤细的无叶退化花枝剪除，减少花量（图4-22）。

保留花序

疏除花序

保留单花

疏除单花

图4-22 疏花、疏花序示意图

（2）疏剪结果枝组

柑橘结果过量会使树体衰弱，衰弱结果枝组多，要在冬季修剪时进行疏剪。留强去弱，减少花量，对小果形的宽皮柑橘品种来说是有效的疏花措施。

2. 疏果

一般每年进行2~3次，在第一次生理落果结束后（5月下旬），将病虫果、畸形果、小果疏除；在第二次生理落果结束后，将多余的果疏除，按该品种正常的叶果比留果。

（1）第一次疏果

疏除病虫果、畸形果和过密小果，橙类和宽皮柑橘类都是在第二次生理落果结束后开始疏果，疏早了工作量大，该疏该留也无法判断。柚类果实生长快，且大小明显，可早疏。

（2）第二次疏果

除疏除上述几种果外，还要疏除挂果多的密生果，按树势和叶片数初步定果。一般柑橘种类第二次疏果是疏除圆形小果，留长形果，因为圆形小果是长不成大果的。

疏除残次果，能提高优质果率、正品率，养分也将更多地供应给好果生长，好果生长速度就会加快，增加单果重，提高产量。笔者在江永烟厂农场时，狠抓了以疏果为中心的幼果期管理，通过精细疏果，每年正品率都在90％以上，比不疏果的高20％。有的脐橙品种露脐大，形状差，严重影响外观品质，这种露脐果在二次疏果时已很明显，可在定果疏果时疏除，也可采取以果换秋梢剪除，都有很好的效果，使正品率提高。

二、修剪工具选择与正确使用

柑橘修剪应购买专用的修剪工具，正确掌握使用方法，才能提高修剪效率。

（一）枝剪的选择与使用

1. 枝剪的选择

柑橘修剪是一项专业技术性很强的农事活动，它要求果农必须掌握正确的修剪技巧，并配备专用的修剪工具。只有这样，才能确保修剪的效率和质量，为柑橘树的生长和产量奠定可靠的基础。

柑橘修剪时有的果农会用刀砍、削，这是不正确的，必须要购买专用的果树枝剪。果树枝剪种类繁多，好的枝剪要剪口弧度适宜，剪枝省力且容易剪断。修剪前，确保工具清洁并消毒，以防止病菌传播。修剪后，也要及时清洁和保养工具，以延长使用寿命。

剪口太圆，剪枝时就不容易掌握力度和方向，容易导致剪切不彻底或剪口不平整，这种情况不仅会影响剪枝效果，还可能对树体造成不必要的伤害；剪口太平，剪枝费力，平的剪口使得剪切力难以集中，需要更大的力量才能完成剪切动作，这不仅增加了操作难度，还可能对枝剪本身造成损坏（图4-23）。

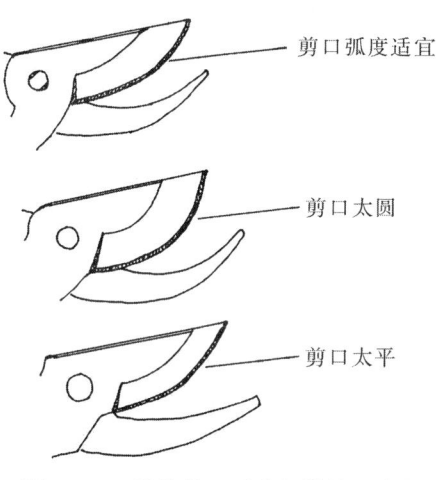

剪口弧度适宜

剪口太圆

剪口太平

图 4-23　枝剪剪口弧度与性能示意图

值得一提的是，市场上还有专为左撇子设计的枝剪，它充分考虑了左撇子的操作习惯，采用符合左手握持习惯的握柄设计，使得修剪操作更加顺畅和舒适。左撇子果农使用时，只需左手握持枝剪，对准修剪枝梢进行剪切，简单方便。

这几年很多柑橘修剪者使用了电动剪、电动锯、油锯。其中，电动剪是锂电池驱动的修剪工具，它由电池板、刀片和手柄组成，能够高效、快速地完成修剪工作，相较于手动剪，电动剪效率更高、耐用性更好，使用时要配块备用充电块。电动剪要选择刀片、电池耐用且重量轻的，电动剪太重，修剪会容易劳累。电动剪修剪直径2～3 cm的中等枝条，速度快，轻松。直径1 cm以下小枝条和3 cm以上的大枝修剪，用手剪和手锯更适宜。

2. 枝剪的正确使用

在使用枝剪时，我们也应掌握正确的操作方法，剪枝才能省力又高效（图4-24）。剪枝时，应保持枝剪在一条直线上上下转动，避免左右摆动。同时，要右手拿剪用力剪，左手向下压枝，这样向外向下推压，枝条很容易剪断，且省力。

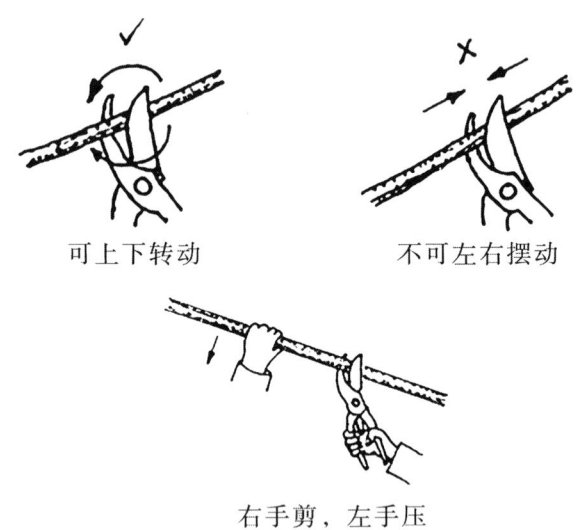

可上下转动　　　　　　　　不可左右摆动

右手剪，左手压

图4-24　正确使用枝剪示意图

（二）手锯的选择与使用

1. 手锯的选择

在柑橘修剪中，对于较大的枝条，手锯是不可或缺的工具。手锯分为单刃手锯和双刃手锯两种。单刃手锯虽然使用广泛，但其锯口往往粗糙不平，在锯大枝时容易被夹住，给修剪工作带来不便。相比之下，双刃手锯在锯大枝时表现更为出色，其锯口平整，锯枝时省力，且锯口愈合快，不易感染病菌。因此，在进行柑橘大枝修剪时，建议选择使用高碳钢双刃手锯，以提高修剪效率和质量（图4-25）。

横剖面　　　纵剖面

图4-25　双刃手锯示意图

2. 手锯的正确使用

锯直立大枝时，先锯倒向一边的1/3，再锯另一边，第二锯略高于第一锯。这样操作可以确保锯口平滑，避免撕裂树皮，同时也有助于控制锯枝的方向和力度。在锯枝过程中，要保持锯片稳定，避免晃动，以免对树体造成不必要的伤害（图4-26）。

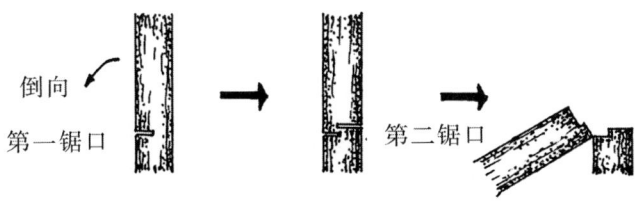

倒向

第一锯口　　　　　　　　第二锯口

图4-26　锯直立大枝方法示意图

锯斜生或水平大枝时，先锯下部1/3，再在略高的地方锯断上部，这样可防止撕裂下部树皮，保护树体的完整性。同时，在锯枝时要保持锯片与枝条的角度适当，避免锯片过深或过浅，影响锯口质量（图4-27）。

在锯断大枝时，需要特别注意避免一次性从下往上锯断，因为这样容易夹住锯片且难以锯断大枝。正确的做法是先从下锯断一部分，再从上往下锯，这样可以利用枝条的重力帮助锯断枝条，同时避免夹锯现象的发生，最后锯平伤口，注意避免留桩过长或过平（图4-28、图4-29）。

锯中间大枝的方法为先从宽处锯断大枝，再将枝桩斜锯，锯口应斜平无桩（图4-30），以利伤口愈合。

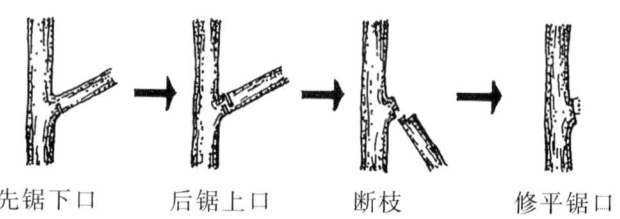

先锯下口　　后锯上口　　断枝　　修平锯口

图4-27　锯斜生、水平大枝方法示意图

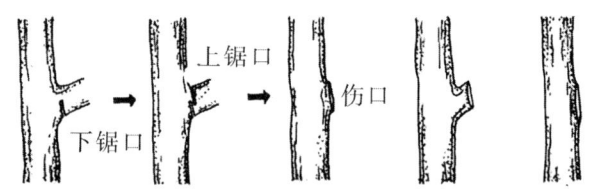

先锯下方　后锯上方　锯平伤口　留桩过长　留桩过平

图4-28　锯除大枝方法示意图

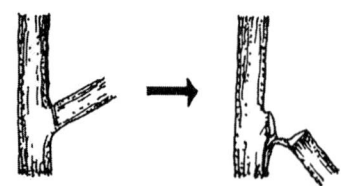

图4-29　从上锯断枝撕裂树皮图

在使用手锯时，还需要注意保持锯片的清洁和锋利。每次使用前，应检查锯片是否有锈迹或损坏，如有需要应及时更换。同

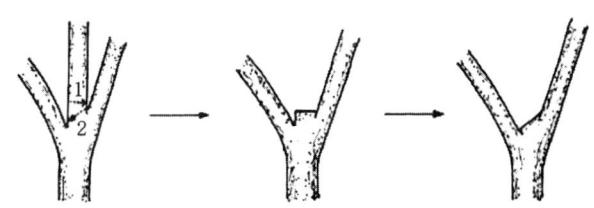

由宽处锯第一道口   由上向下锯平

图 4-30 锯除中间大枝方法示意图

时，在修剪过程中，要注意安全操作，避免伤及自己或他人。

通过正确选择和使用手锯，我们可以更加高效地完成柑橘大枝的修剪工作，为柑橘树的健康生长和高产丰收奠定可靠的基础。

三、大树修剪操作顺序

(一) 树冠调整修剪

1. 调整主枝

一株结果大树修剪之前要对树体进行观察分析，确定修剪方案。首先调整树体骨干枝，明确主枝位置和生长方向，再通过疏除多余主枝、副主枝，塑造科学合理的树冠结构，确保主枝分布均匀、主次分明，符合高产树形的要求，确保树冠整体形态和高产优质结果能力。

2. 开窗引光

通过修剪疏除上部旺长枝条，打开树冠顶部的光路，引进阳光，增加内膛光照，提升内膛通风透光性能，促进果实均匀着色和成熟，减少病虫害滋生。

3. 上下分层

针对侧面枝条进行修剪，根据树形需要和侧枝生长情况，剪除过密、交叉或生长不良的侧枝，使上下分层。通过分层修剪，确保每层间距适中，树冠层次分明。此操作有助于优化光照和营养分布，提升树冠整体光合效率，进一步促进生长和结果。

（二）主枝明细修剪

明细修剪以一个主枝为修剪单位，对其进行全面的修剪，包括对侧枝、结果枝组进行短截、疏剪、回缩等修剪，旨在调整主枝的生长势和结果能力，确保每个主枝都能发挥出最大的生产潜力。主枝明细修剪方法秉持由大到小、由下到上、由内到外的原则，以减少重复用工。

1. 由大到小

首先处理粗大、影响主枝生长的大侧枝，确定树体的整体结构和主枝生长方向。随后，对小枝进行细致修剪，根据树体生长情况和需求进行适度调整，以促进果实生长和提升品质。这种顺序有助于减少修剪过程中的用工量，同时保持树冠结构的整体性和稳定性。

2. 由下到上

主枝明细修剪从树冠基部开始，逐步向上进行修剪工作。首先，剪除基部弱小、过密或交叉生长的枝条，保证基部通风良好，减少病虫害的滋生。然后，疏除上部强枝，剪除遮挡光线、影响通风的枝条，提升树冠整体透光性，确保树冠通风透光。

3. 由内到外

首先聚焦于树体内部枝条，特别是交叉、重叠及密集生长的枝条，及时剪除。完成内部修剪后，转向外部枝条，根据树形需求进行修剪，保持树体良好的通风和透光性。

为了提高修剪效率和质量，我们应掌握顺时针走剪的技巧。按顺时针方向沿着树冠边缘逐步进行修剪，依次修剪每一个主枝。因为右手拿剪修剪，保持顺时针走向，右手向内剪，左手向外压，有利于将修剪枝条外送，提高修剪工作效率。主枝明细修剪要注意平衡各主枝的长势，确保树体均衡生长。

第五章　柑橘整形修剪新方法

一、整形修剪新方法

（一）蓄留领导枝

1. 领导枝

领导枝是指各主枝、副主枝的延长枝，生长在各枝的顶端，高高在上似"领导"，只生长不结果。位于枝条顶端的芽具有最强的萌芽力、成枝力和生长势。领导枝能够很好地领导整个枝组生长，使枝组的从属关系保持良好。用领导枝拉动树体养分，以供给主枝中下部结果枝的果实生长，使养分分配最具效率，有利于保持树势，延缓树体衰老。

2. 蓄留领导枝的作用

蓄留领导枝具有引导整体生长方向和分配养分的重要作用，领导枝拉动树体吸收养分，是适应和发挥了柑橘顶端优势的生物学特性。此外，还可以进一步扩大树冠，提高养分利用率，稳定树势。

3. 蓄留和培养领导枝的方法

（1）幼树（未达到标准高度前）应尽量保持单枝延伸生长（图 5 - 1）

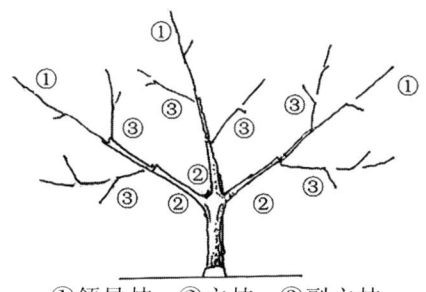

①领导枝 ②主枝 ③副主枝

图 5－1 幼树领导枝示意图

①主枝延伸要选择强壮枝，在每次梢中部壮芽处短截，短截后使其促发分枝，继续选择强壮枝为领导枝，能够更好支撑树冠的扩大。

②保持各主枝领导枝的领导性，疏除同级竞争枝，保持单枝延伸生长；有助于保持延长枝的生长势。

（2）结果树（达到标准高度后）领导枝要每年换枝更新（图5－2）

①保持领导枝引导生长方向和分配养分的领导地位和作用，仍然要蓄留领导枝。

②领导枝不论强弱，每年均要换枝头，以保持领导枝的年轻状态。

③结果树主枝、副主枝的领导枝是一枝组，疏除竞争枝，疏去花蕾，不能让其结果，一般可不疏梢、不打顶，以保其强劲的领导作用。

（二）近干挂果

1. 近干挂果

近干挂果是以主枝、副主枝为挂果中轴枝，结果枝、结果母

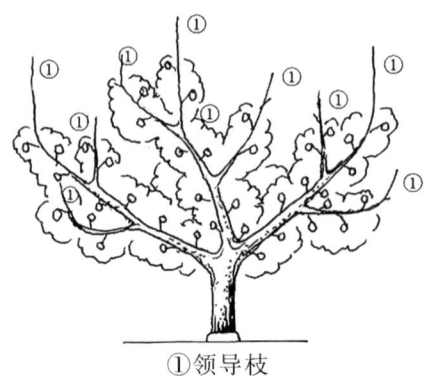

①领导枝

图 5-2　结果树领导枝示意图

枝组成的各大小结果枝组，均匀分布于主枝和副主枝两侧，紧靠大枝（彩图 5-1，图 5-3）。这种修剪方式有助于减少养分输送距离，提高养分利用效率和大枝的支撑性，从而提高产量和果实品质。

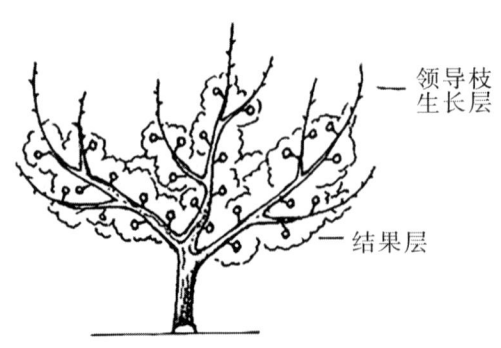

领导枝
生长层

结果层

图 5-3　近干挂果示意图

2. 近干挂果的优点

①所有果实靠近骨干大枝，果多不用撑、不用吊，大大减少

果园管理用工成本。②果实靠近骨干枝，缩短了营养运输的距离，营养供应充足，有利于果实生长，易长成大果。③近干挂果充分利用了树冠中下部的内膛空间挂果，中下部内膛果可避免和减少日灼现象的发生。

3. 近干挂果的方法

①上开天窗，将更多的阳光引入树冠内膛，促使内膛主干、主枝隐芽萌芽，为近干挂果创造条件。②及时回缩更新结果枝、结果母枝、结果枝组等，促进新梢的生长和结果母枝的培养。③培养春梢营养枝进行二次放梢，培养秋梢结果母枝，确保有足够的结果母枝。④扭枝改造徒长枝，改变其生长方向，削弱其生长势，从而促使其转化为结果母枝。

（三）剪口芽选留

剪口芽是指短截枝梢时，剪口下的第一个芽。柑橘修剪时应重视剪口芽选留。剪口芽的选留是修剪过程中的重要环节，其质量和着生方向常决定发枝的强弱和方位，可用以调节生长和结果。

1. 剪口芽选留的作用

短截修剪方法，常用于生长较旺的直立枝或斜生枝，尤其是幼树的各种大枝延伸枝，在幼树整形修剪中都要进行短截以促进生长。这种短截剪口芽选留很重要，需要考虑多个因素，包括树冠形态、枝条长势、品种特性等。选留好，剪口新芽萌发快，生长好，强弱一致，生长均衡，空间利用好；选留不当，会造成各种弊端，达不到应有的修剪效果。

2. 剪口芽选留的方法

（1）主枝、副主枝延长枝剪口芽选留

对于幼树整形时主枝、副主枝延长枝短截的剪口芽，一般留外芽，有利于向外生长，扩大树冠。若基枝生长角太大，枝条生长平，也可以留内芽；若基枝生长往左右两边斜，也可按斜向相反的方向，左右留芽，以调整延长枝，保持剪口芽按正确的方向延长生长（图5-4）。

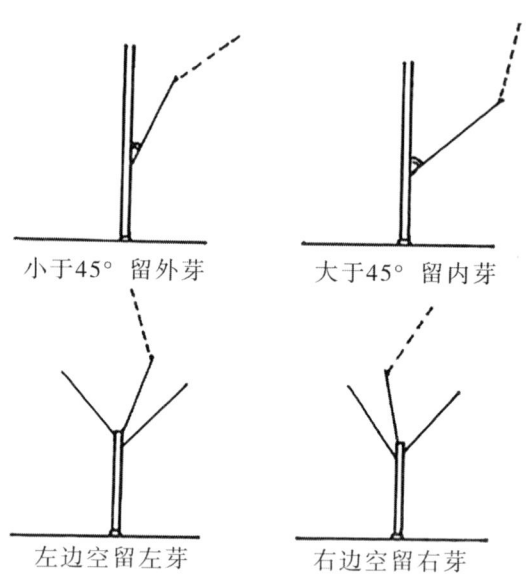

小于45° 留外芽　　　　大于45° 留内芽

左边空留左芽　　　　右边空留右芽

图5-4　剪口芽选留方法示意图

（2）利用剪口芽调整各主枝生长势

同一株树由于各种因素影响，各主枝生长不平衡、有差异。选择剪口芽可以调整主枝生长，减少生长差异。若主枝强，为了抑制其生长，可以选择弱芽作为剪口芽，以抽发弱枝；主枝弱，应选留饱满的强芽作为剪口芽，以抽发强枝，促使强弱平衡。

（3）利用剪口芽提高空间利用率

结果树的内膛直立枝，一般均要疏除。新的修剪方法采用近干挂果，要培养更多的结果短枝。对背上直立枝进行短截时，按空间上下左右方向，哪里空，剪口芽就往哪个方向留，引导新梢的生长方向，以更好地利用空间，提高树体的空间利用率。

（四）伤干拉枝

对分枝角度小、不易拉开的粗壮主枝、副主枝等，用手锯在被拉枝的基部下方锯几道口，锯口深达干径的 $1/4 \sim 1/3$，再用布带进行拉枝固定的过程叫作伤干拉枝（图 5-5）。伤干拉枝是果树的一种整形技术，可避免大枝分枝处撕裂或折断。

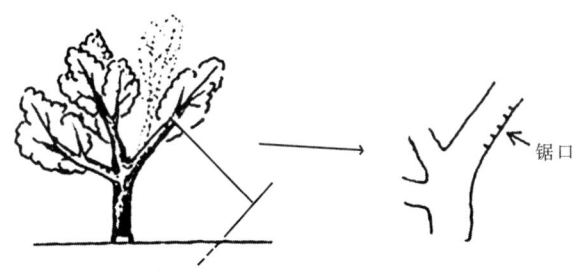

图 5-5　伤干拉枝示意图

1. 伤干拉枝的作用

（1）调整树形与枝条分布

当主枝分枝角太小、生长过于直立时，顶端枝梢的生长往往过于旺盛。这会导致树冠内部光照不足，影响中下部枝条的生长和结果。伤干拉枝可以有效地调整枝条的生长角度和方向，使树冠开张，枝条分布更加合理，从而改善树冠内部的通风和光照条件。

（2）促进隐芽萌发与结果母枝培养

拉枝后，由于光照条件改善，大枝中下部原本处于休眠状态的隐芽得以萌发，形成新的枝条。这些新枝条经过适当培育和管理，可以转化为结果母枝，从而增加结果部位，提高产量。

（3）实现近干挂果

伤干拉枝可以使原本远离主干的枝条靠近主干生长，实现近干挂果。

（4）改造大树树形

对于已经长成的大树，如果树形不合理或枝条分布不均匀，可以通过伤干拉枝进行树形改造，这种方法可以有效地调整树体的结构，使其更加符合高产优质栽培的树形要求。

2. 伤干拉枝的方法

首先，选择那些分枝角度较小、生长过旺的骨干枝作为需要拉枝的枝条。然后，在被拉枝的基部下方，使用锯子在树干或主枝上锯几道口。锯口的深度应达到干径的 $1/4 \sim 1/3$，但不应过深。锯口之间应保持适当的间距，以便形成足够的伤口，但又不应过密，致使枝梢密挤，生长不良。

在锯口处理完成后，使用柔软而结实的布带或绳索将枝条拉向预定的方向。拉枝时应尽量避免用力过猛，以免拉伤枝条或撕裂树皮。同时，拉枝的角度应根据树势和树形的要求进行调整，使枝条的分布更加均匀、合理。

最后，当枝条被拉至预定位置后，使用木桩将布带或绳索固定住，以防止其回弹。

（五）刻芽

在春季萌芽前，用枝剪或手锯在内膛空虚、缺乏枝条的大枝干上刻伤的过程叫刻芽（图 5 - 6）。刻伤至木质部，促使隐芽萌发，长出新的枝梢，以弥补大枝的中下部空虚，促使柑橘树形成较多的健壮短枝，从而增加结果部位，增加产量。刻芽是对苹果和梨进行促芽萌发的一种常用修剪方法，原来柑橘管理时不使用该法，但在新的柑橘修剪方法中，尤其是老树改造时应用了此技术。

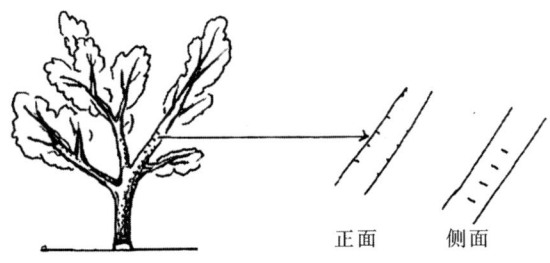

正面　　侧面

图5-6　刻芽方法示意图

1. 刻芽的作用

（1）快速培养树形

对未定干的新栽苗木，只需在所要抽生主枝或骨干枝方位的树芽上方刻伤，便可抽发出枝条，达到早结果目的。

（2）解决偏冠缺枝

用刻芽的方法可以很快解决树体不平衡问题。在树干缺枝或少枝的方位上选芽体饱满的芽或斜枝重刻伤，使之发出的枝成为中枝、长枝，占领空间，平衡树体结构。

2. 刻芽的方法

柑橘刻芽是在3月初进行，此时树体开始活动，有利于刻芽后的萌芽生长。用细齿手锯在大枝干中下部空虚处的枝干两侧，间隔10 cm左右锯一道口，锯至木质部，锯口长2～3 cm，垂直于锯的树干，这样既能保证刻芽效果，又不会对树体造成过大伤害。

刻芽完成后，要将锯口处的锯屑清理干净，一般无须做特殊处理保护，偶有锯口感染的，要及时用药防治。萌芽后，根据需要进行疏芽、打顶。同时，要加强病虫害防治，确保新梢分布均匀、生长健壮。

二、整形修剪的特别方法

（一）换干换枝

在柑橘幼树生长弱、没有主干或主干东倒西歪时，可以采用换干技术，利用基部萌发的潜伏芽，快速培养新主干（彩图5-2）。有的开张性品种枝条披垂，主枝生长到一定高度枝梢头部下垂时，可利用主枝中部潜伏芽萌发（彩图5-3）的徒长枝培养成新的主枝（彩图5-4），进行主枝换枝。

换干这一技术在柑橘栽培中常出现，是柑橘生物学特性的自然行为，并没有果农有意使用。1962年，笔者在湖南安江实习，第一次见到橘农有意利用这一技术，橘农为了使安江香柚压条苗，长出好的主干，定植时，将柚苗像插红薯一样斜种。我们当初看到时并不理解，经调查学习才明白，果农将柚苗斜种，是为了促使苗干基部潜伏芽萌发，以快速长成新主干进行换干。笔者总结了这一换干技术，并在生产中推广应用，效果明显。

1. 换干换枝的作用

换干换枝是柑橘栽培中常用的一种技术，主要用于更新主干和主枝，恢复树势，提高产量和品质。

2. 换干换枝的技术

（1）换干技术（图5-7）

①斜种幼树：将生长势比较弱的柑橘幼苗斜种，刺激基部潜伏芽萌发，改变其生长方向，促使新主干的形成。

②锯除旧干：当新的主干长到一定高度和粗度时，使用锯子或剪刀，将原有的老化、生长势弱的主干锯掉或剪掉。操作时要注意保持剪口平整。

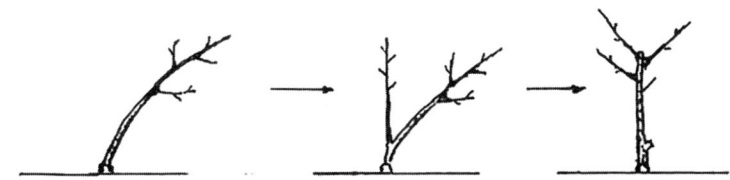

图 5-7 换干示意图

③培养新干：将新长出的枝作为新的主干进行培养。在培养过程中，要注意保持树体健康和直立，防止新主干倾斜或弯曲生长。

（2）换枝技术（图 5-8）

①保留直立枝：开张性品种主枝生长易下垂，生长势减弱。主枝中部潜伏芽易萌发生长的直立枝，这时不能一律抹除，应先保留，视需要利用其换主枝。

②选用徒长枝：在主枝中部萌发的徒长枝中，选择生长旺、生长位置和方位适宜，又有生长潜力的一个徒长枝。

③培养新主枝：通过对选留徒长枝的修剪和整理，去除多余的分枝和下垂的老枝，保持新主枝健康、快速生长。

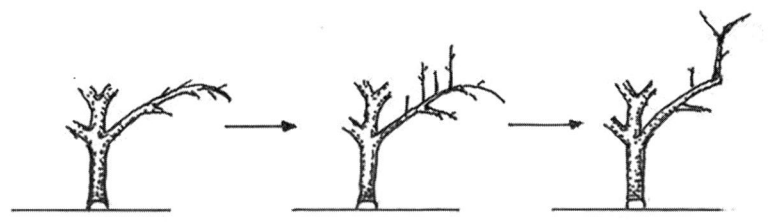

图 5-8 换枝示意图

（二）抹芽放梢

抹芽放梢是指在一次枝梢生长时期内，将先发的芽抹去，直到达到一个合适的时间节点停止抹芽，统一放梢，这就叫"抹芽放梢"。我们所见到柑橘抽发的嫩芽，其实是复芽，除抽发的芽外还有看不见的芽，叫隐芽。普通柑橘的隐芽数量多，寿命也长。抹去枝条上的嫩芽时，会引起周围的隐芽萌发，连续抹芽，萌芽芽数就会增多。停止抹芽时，就能让其恢复自由萌芽抽枝。这是一种促使新梢抽发整齐的管理技术方法。

抹芽放梢是广东潮汕地区果农创造的技术经验。柑橘枝梢一年生长3～4次，分春梢、夏梢、秋梢和冬梢，除春梢萌发生长较整齐外，其他各次梢萌芽均不整齐，这是柑橘的生物学特性。生产上除冬梢没有利用价值外，其他各次梢都是栽培所需要的，尤其是夏梢和秋梢，夏梢生长粗壮，是构成树冠的骨干枝，秋梢是优良的结果母枝。这两次梢生长不整齐，会给管理造成困难，且影响其利用价值。在生产中，潮汕果农采用抹芽放梢技术促使夏梢和秋梢生长整齐一致，使管理方便，梢也长得更好。

1. 抹芽放梢的作用

①经过抹芽后抽生的夏梢和秋梢，数量多而整齐，增加了来年结果母枝的数量；同时有利于防治为害新梢的病虫，其中以防治柑橘潜叶蛾、柑橘凤蝶幼虫、柑橘木虱、柑橘溃疡病效果显著。

②有利于幼树快速形成密集紧凑的树冠。

③抹芽放梢有利于统一管理，减少病虫为害和营养的浪费，达到节约农药和肥料，降低生产成本的目的。

2. 抹芽放梢的方法

柑橘抹芽放梢主要应用在夏梢和秋梢上。在夏梢和秋梢萌芽时，将先发芽枝梢上的芽抹除，待全株70%的芽萌发和全园70%的树都萌芽了，才停止抹芽，统一放梢。统一放梢时，要中下枝先放，弱枝先放，顶部强枝还要抹1～2次，等下部弱枝发芽达到要求了，再让强枝芽生长。抹芽放梢对培养秋梢结果母枝效果显著。笔者在 1976 年进行甜橙密植栽培试验时，利用抹芽放梢培养秋梢母枝结果，获得高产，创造了湖南省早结高产新纪录。

（三）以果（梢）换梢

秋梢是柑橘幼年树的优良结果母枝，结果多的幼树很难放出好的秋梢，在 7 月上中旬放秋梢前 10～15 天，将树冠中上部外围粗皮大果、顶果以及日灼果剪除，从而抽生比较优质的秋梢，这就是"以果换梢"（图 5-9）；将夏梢剪除或戴帽修剪换发秋梢，这就是"以梢换梢"（图 5-10）。以果（梢）换梢是培养优质秋梢结果母枝的主要措施，广泛用于中亚热带产区宽皮柑橘和橙类。

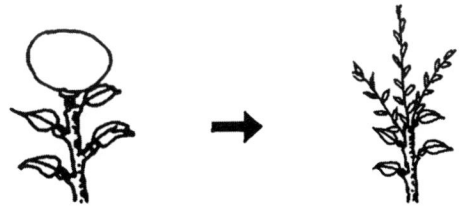

图 5-9 以果换梢示意图

图 5-10 以梢换梢示意图

1. 以果（梢）换梢的作用

（1）促使秋梢正常抽发

对于幼年结果树，"以果换梢"是非常有必要的。柑橘果实的发育消耗树体的大量养分，抑制了夏梢的生长，特别是柑橘树冠顶端果实生长的抑制作用更明显。养分几乎都被果实消耗完了，导致果多树弱，秋梢放不出。因此以果换梢，才能促使秋梢的正常抽发。

（2）提高柑橘果实品质

柑橘树体的营养是有限的，挂果过多的话，幼果就会因为缺乏营养而果实偏小或者提前脱落。选择性地剪除部分泡果，减少营养消耗浪费，让营养集中供应在好果上，保证优质果的营养，同时也有利于放出秋梢。

（3）增强柑橘生长树势

对于初结果的柑橘树，挂果量过大，影响枝梢生长，无法扩大树冠，因此采取以果换梢方式，在7月上中旬对树上部的顶果进行摘除，减轻树体的负担，使其能够以更多的养分刺激新梢的生长。新梢的生长对于树体的扩大和枝条的更新具有重要意义，也有助于提高柑橘树的整体生长势。

（4）降低大小年的发生概率

超负荷的单株挂果量超过其营养生长的可承受能力，生殖生长和营养生长就会失衡，引起一年多、一年少的大小年结果现象。疏除泡果和部分大果以减轻树体的负担，使树体挂果适量，就可抽生出一定量的秋梢，进而克服柑橘大小年结果现象。

2. 以果（梢）换梢的方法

（1）以果换梢

对柑橘幼年初结果树和结果过多的成年树，为刺激树体抽生出比较优质的秋梢，对树冠中上部外围的粗皮大果、顶果以及日灼果进行剪除。

（2）以梢换梢

为促进秋梢的生长，可以选择剪除春梢基枝上的部分夏梢或者进行戴帽修剪。

（四）二次放梢

二次放梢是指将结果柑橘树的强壮春梢或夏梢进行短截，促发优质秋梢。

1. 二次放梢的作用

（1）培养优质秋梢结果母枝

（2）减少大小年现象

通过二次放梢，可以有效减少柑橘树的大小年现象，使产量更加稳定。

（3）增加优质功能叶，增强树势

二次放梢有助于增强树势，提高柑橘树的抗逆性和产量。

2. 二次放梢的方法

对于初投产的幼年树来说，为了培养来年的结果母枝和扩大树冠，可以考虑对老熟转绿后的强壮春梢或晚夏梢短截进行二次放梢，以培养良好的秋梢结果母枝，增加结果母枝的数量。

3. 二次放梢的类型

二次放梢可分为未抽生夏梢的一次春梢短截放秋梢［图5-11（a）］和已抽生夏梢的春梢基枝两种类型。已抽生夏梢的春梢基枝可分为短截夏梢放秋梢［图5-11（b）］、戴帽修剪放秋梢［图5-11（c）］和短截春梢放秋梢［图5-11（d）］。

（五）避虫修剪

避虫修剪是将已受虫害的新梢和同批次未受虫害的好嫩芽嫩

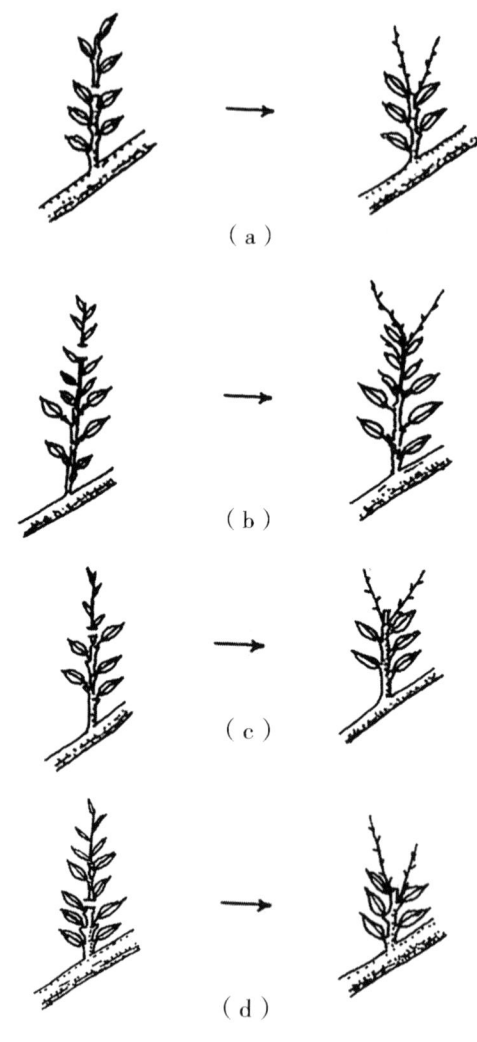

（a）

（b）

（c）

（d）

图 5 - 11　二次放梢示意图

梢全部抹除，在虫害低峰期进行放梢，重新生长。

这是在生产中应用非常成功而有效的技术方法，主要用于防治柑橘潜叶蛾。柑橘潜叶蛾世代多，在永州地区一年可发生10～12代，尤其对夏梢、秋梢为害严重。采用避虫修剪技术，错开枝梢生长期，避开为害高峰期，是很好的选择。

1. **避虫修剪的作用**

减少打药次数和用工成本；促使新芽萌发快，新梢生长整齐且虫害少；避开为害期，柑橘潜叶蛾为害少，秋梢生长好。

2. **避虫修剪的方法**

（1）利用低峰期放梢

据观察，永州地区一年内发生柑橘潜叶蛾虫害有两个明显的低峰期：5月下旬至6月上旬和7月下旬至8月上旬，但不同年份低峰期长短和日期也有变化。要观察、灵活掌握应用虫害低峰期，利用5—6月为害低峰期放夏梢，7—8月为害低峰期放秋梢，其他时期的夏梢、秋梢均抹除。

（2）避开为害期

因为柑橘潜叶蛾世代重叠，有时一年没有明显的低峰期，总有虫害。这时我们要在夏梢、秋梢生长期，每天进行观察，如果枝梢萌芽1～2 cm时，叶芽已受虫害，就将这批萌芽全部抹除，重新生长。切记要全部抹除，包括未受虫害的好嫩芽嫩梢，而且速度要快，这样新芽萌发才快，生长才整齐，新发的芽虫害才少。因为柑橘潜叶蛾一代的间隙期只有12～15天，如果抹芽慢了，又会碰上下一代为害期。

（3）剪梢

由于各种原因，生产中也会出现柑橘潜叶蛾为害严重的情况，尤其是一些样板示范园。这时我们可以采取剪梢的措施，让其重新发芽长梢。这种方法对培养秋梢效果很好，因为秋梢只要被柑橘潜叶蛾严重为害，就容易产生晚秋梢，对幼年结果树第二年结果影响极大。将已受虫害的秋梢剪除后，重新生长的秋梢时期晚，就不会再发生晚秋梢，剪后也避开了为害期，柑橘潜叶蛾为害少，秋梢生长好。但要记住，这种剪梢，未受虫害的同时期嫩梢也要全部剪除（图5-12）。若只剪已受虫害的，未受虫害的不剪，就会使新梢发得慢，且不整齐，达不到应有的效果。

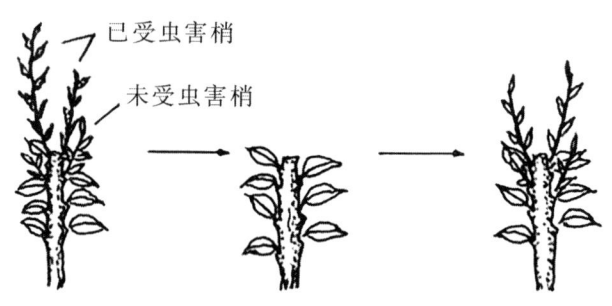

已受虫害梢

未受虫害梢

图 5-12　避虫修剪示意图

三、修剪方法的灵活应用

（一）留桩修剪

柑橘留桩修剪是指在修剪时没有完全剪除枝条，还留着一小截枝桩，是柑橘修剪新技术的一种修剪方法。

1. 留桩修剪的作用

留桩可以削弱下批梢的长势，分散养分的供应，使得新梢生长更加均匀，避免了单一枝条的过度生长。

留桩促进更多的新枝梢在桩上萌发，增加枝梢数量，这些新枝梢在生长过程中会逐渐形成结果母枝，为来年的增产丰收打下基础。

留桩还有助于实现近干挂果，近干挂果需要主枝、副主枝中下部，能生长较多的结果母枝。将结果枝组回缩后，如不留桩，这些枝条可能就不会再萌发新枝，会造成枝干光秃而无结果枝条。只有留桩才能促发多的新枝，以形成更多的结果母枝，从而增加产量。

2. 留桩修剪的方法

在主枝、副主枝等大枝中下部回缩各种枝条，包括回缩或疏除大枝，均可留桩。这样可以增加树冠内膛中下部的短枝，以形成更多的结果母枝。一般按枝条粗细确定留桩的高低，一般留桩的高度为 1~2 cm，空间允许可留高点，不然以留低点较好（图 5-13）。

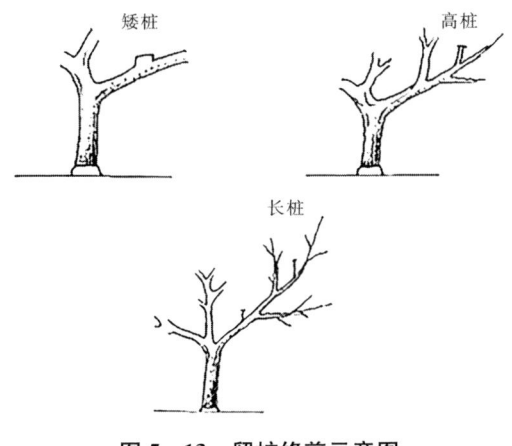

图 5-13　留桩修剪示意图

留桩位置一般选择在枝稀疏的地方，生长出来的3～5条新梢比较中庸，斜立生长，形成来年的结果母枝；在枝条密的地方，可以部分留，部分不留，以减少抹芽疏梢用工。疏除下垂枝、细弱枝，一般不留桩。

（二）戴帽修剪

戴帽修剪是对末次梢或者其他徒长梢短截时，在上部枝梢与其生长的基枝结合处，留下一段短枝，似人戴帽子。戴帽修剪促使戴帽下部两枝交接处隐芽萌发出来，达到抑制树体徒长、旺长的目的。而且能萌发出很多比较弱的枝梢，减弱生长势，促其形成中庸短枝，从而培养成来年的结果母枝。在戴帽修剪中，一定要按基枝强弱利用，以使萌芽长势强弱一致，新梢生长中庸，易于形成优良的结果短枝。

实际上，戴帽修剪和短截有些相似，应该说都是"截"，但截的地方不同。短截主要是针对一年生的枝条，将其剪去一部分后让其生长出比较强的分枝出来。而戴帽修剪的对象，则不管是几年生枝条，都可以从其两次梢交界处短截。

1. 戴帽修剪的作用

可促使枝条后部抽生短枝、中枝，特别对萌芽力弱的品种，戴帽修剪的效果更为显著，有助于增加枝条数量和改善树体结构。

可对生长旺盛的枝条起到缓势作用，由于剪口落在了隐芽处，所抽生的枝条生长势就较弱，对整个枝条起到了缓冲作用，生长势明显缓和。

对健壮平斜枝条，采用戴帽剪，可促生大量短枝、中枝，长势缓和，并可形成大量花芽，同时也有利于坐果。

2. 戴帽修剪的方法

戴帽修剪时可视情况，有高有低（图5-14）。一般戴帽留帽桩高 1～1.5 cm，帽上无芽，只有帽下隐芽萌发。戴高帽留帽桩高 2～3 cm，帽上有 1～2 个隐芽，剪截后只有这里的隐芽萌发，萌发慢，长势弱。戴平帽留帽桩高 0.5 cm，即剪平不留帽桩，这样剪口处隐芽不会萌发，下部基枝芽可萌发，但萌芽迟。

戴帽　　　　　　　戴高帽　　　　　　　戴平帽

图 5-14　戴帽修剪示意图

3. 戴帽修剪的类型

需要戴帽修剪的枝条类型可分为以下三种：需要弱化其生长势的直立的徒长枝、壮旺枝条；两批都是比较壮旺的单枝生长的枝条；不需要扩大树冠的盛产期树或者丰产期树，需削弱延长枝向外伸长的枝条。

（三）徒长枝改造利用

1. 徒长枝

徒长枝是指生长势旺、直立粗壮的枝，多发生于比较平的大枝背上，由大枝潜伏芽萌发而成，其长度可达 1 m，又称朝天枝、骑马枝、霸王枝等。由于徒长枝生长旺盛，枝姿直立、高大，影响通风透光，扰乱树冠，抢夺消耗养分多，因此必须加以改造或疏除。一般常在徒长枝生长后及时疏除，或在冬剪时疏除。如果生长的位置比较合适，又能够改造利用，就可留下促其生长结果，增加产量。

2. 徒长枝改造利用的作用

针对幼树上的徒长枝，可利用整形，加速树冠形成。

盛果期树很少发生徒长枝，如有发生，要及时剪除或改造，可采用扭枝、拉枝等手段，改造成结果母枝。

针对衰老树上的徒长枝，要充分利用，应培养成新的树冠或枝组。

3. 徒长枝改造利用的方法

扭枝下垂，促枝成花结果（图 5－15）。徒长枝能在 9 月成熟老化的，可在 9 月将枝基干扭曲，使其偏转下垂，改变枝条的生长方向，调整枝条的生长极性，从直立变为下垂。这种变化有助于枝条内部养分的重新分配，促进营养积累，从而有利于花芽的形成，一般均可当年成花，第二年开花结果。

对已开花结果的徒长枝，也可按上述方法扭枝下垂，减缓已开花结果徒长枝的生长势和营养供应，很好地控制果实的生长速度和形态，可使果实生长均匀，不成为大泡果。

若经过扭枝，仍未成花，可在萌芽后进行留矮桩修剪，以促使萌发营养春梢（图 5－16），这些新发的春梢可成为秋梢生长的基枝，通过二次放梢，培养秋梢母枝，第二年开花结果。

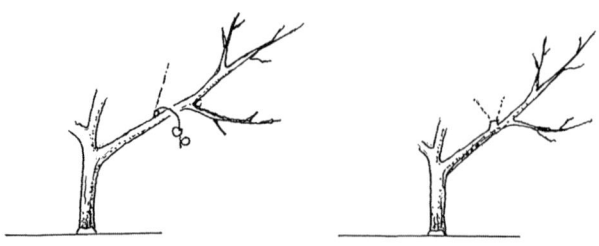

图 5－15　扭枝下垂示意图　　**图 5－16　留桩促发春梢示意图**

第六章　柑橘三主枝树形

一、三主枝树形的来源与成形

(一) 三主枝树形的来源

三主枝树形来源于江西新果农农业服务有限公司吴承需提出的"一干三枝"树形修剪方法(彩图 6-1,图 6-1)。2003 年,吴承需到江西省会昌县莲塘村承包土地种植脐橙,开始提出"一干三枝"树形修剪方法,随后多年通过各种形式举办了多期培训班,向全国柑橘产区推广"一干三枝"树形。2006 年,吴承需开始组织专业修剪队到各产区开展修剪服务,2019 年修剪队扩大,正式成立"新果农修剪队","一干三枝"便成了吴承需的代名词。"一干三枝"树形推广了近 20 年,核心是三枝,实现"大枝稀,小枝密,挂果不费力"的目的,形成主次有序、层次分明、骨架清晰、结构完整、科学合理的树形。

"一干三枝"是基础,其中"一干"是不变的,要运用"三枝",造就出千千万万种新树形,变化太多。但不管如何变,"三枝"这个核心是不变的。"一干三枝"树形在我国柑橘产区均有所运用,是笔者现在推广应用的"三主枝"新树形的雏形(彩图 6-1)。

113

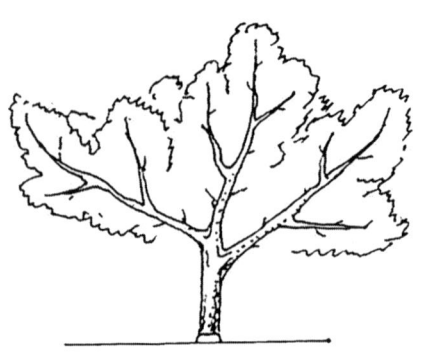

图 6-1 "一干三枝"树形示意图

（二）三主枝树形的成形与完善

随着"一干三枝"树形在各产区的推广应用，各地逐渐形成了一些好的修剪技术方法，创造了很多成功经验，才形成了现在各地推广应用的"三主枝"新树形。

1. 蓄留领导枝

柑橘整形修剪技术中，原本没有"领导枝"这个技术术语，在"一干三枝"树形推广中也没有明确什么是"领导枝"，当然就更没有"领导枝"如何蓄留和培养。广西聚诚农业有限公司崔海涛在学习推广"一干三枝"整形修剪技术过程中，首先提出蓄留领导枝的修剪技术概念，并在整形修剪中推广应用。其修剪技术含义是领导枝生长在各主枝顶端，"高高在上，只生长不做事（不结果）"（图 6-2），对领导枝解释得很形象，领导枝虽不结果，但树体要依靠它的顶端优势来拉动养分，并把养分供给中下部枝组生长结果需要。

目前在各产区对树形蓄留领导枝修剪都达成了共识，尤其是在幼年树整形修剪中，主枝培养一定要保证领导枝（主枝延长

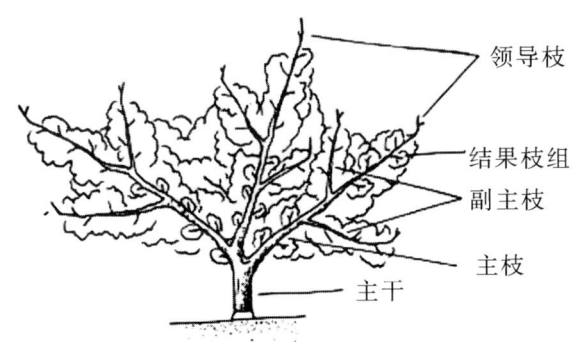

图 6-2　领导枝修剪树形示意图

枝）的独立领导地位（单枝延伸），控制竞争枝，幼年树才能快速生长，扩大树冠，提早结果。

2. 光道修剪

江西钟善东老师创造了"钟式光道修剪法"，提出了"二八定律"，即柑橘成年结果树采用光道修剪，让果实80%挂在树冠内膛，20%挂在树冠外部（彩图6-2），并指出"根是本，干是魂"。该技术强调根据柑橘的生长特性来制订修剪策略。幼树整形是以树为本，因树整形，先乱后治，一剪定形；而结果树修剪是开裆分层，主次分明、立体见光、叶果平衡，以最少的修剪量换取最大的修剪效益；旺树先压顶，乱树先分层，弱树先脱裙，开裆不开膛，引进散射光。钟式光道修剪法通过调节树体内源激素、碳氮平衡，合理地调整枝条分布和花芽分化，让每片叶子都能见光，以达到最高的光合效率。

3. 近干挂果

近干挂果是成年结果树的果实，要求必须挂在主枝、副主枝和侧枝的结果枝组上，靠近主枝和副主枝（彩图6-3、图

结果枝组

图 6 - 3   近干挂果示意图

6 - 3)。近干挂果技术由四川龙腾果业邵方儒老师提出，该项技术最大的特点是树体骨架大、支撑力强，果大质优，高产稳产。

业内一致认为柑橘老树形树冠外围光照充足，枝梢生长健壮，养分充足，果实长得大、着色好；而树冠内膛多是果实小、着色差、病虫害多的次等果。一些新树形的挂果部位虽然由树冠外围转移到了树冠中下部内膛，但没有明确一定要靠近内膛主枝、副主枝。近两年来，在四川眉山、绵阳、自贡等地建立了大面积的"近干挂果"示范园，全省开展示范推广，肯定了这项技术的可行性。

4. 留桩、戴帽修剪

柑橘修剪不能留桩，这是柑橘修剪的基本常识。有的柑橘专业修剪队，对修剪留桩制定了严格的经济处罚措施，留一个桩罚多少钱，所以留桩在柑橘修剪中是违规操作。但留桩对基部潜伏芽萌发有促进作用，在柑橘内膛靠近主枝的枝组，通过留桩修剪促发短梢形成结果母枝，能实现近干挂果。但留桩要适当，不可全留，留多了枝梢密生会增加疏梢管理工作量（图 6 - 4）。

戴帽修剪是促发枝梢基部潜伏芽萌发的技术方法，促发的枝梢数量多，生长势稍弱，枝梢就容易被培养成优良的结果母枝（图6-4）。若不戴帽修剪，采用短截，就会使促发的枝梢少，生长势旺，形成徒长枝、霸王枝，不易形成结果母枝，生产中也要灵活应用戴帽修剪技术。

留桩修剪　　　　　　　　　　戴帽修剪

图6-4　留桩、戴帽修剪促发枝梢示意图

5. 生长结果分工分区

树冠生长和结果分区（图6-5）是在新树形推广应用中探索出来的，即树冠上部为生长区，中下部为结果区，每年枝梢结果后回缩更新，培养成新的结果母枝，其生长是为了结果。

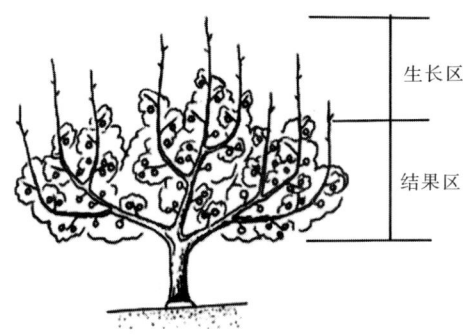

生长区

结果区

图6-5　三主枝开心形树冠分区示意图

这项修剪技术的应用，更加发挥了柑橘顶端优势的生物学特性，将领导枝的单一领导变成了各侧枝都有领导枝的集体领导，负责各侧枝的养分拉动，供应各侧枝中下部果实生长。福建省平和县琯溪蜜柚的部分果农，利用柚类中下部内膛结果的特性，采用生长结果分工分区，取得了很好的效果，使果园管理更便捷、更轻松、更高产稳产。

以上各项新技术、新方法的应用，使"一干三枝"树形发生很大变化，形成了现在各产区广泛推广应用的各种新树形。这些新树形的出现和应用，推动了我国柑橘整形修剪技术的进步，使这种重要又烦琐的农事工作变得简单、规范，有了一个大致统一的标准。

二、三主枝树形的名称与类型

（一）三主枝树形的名称

近几年全国各柑橘产区的广大果农，在生产实践中创造了各种柑橘新树形，这些树形是"一干三枝"的发展，其树形的骨干枝是一主干、三主枝，可树冠没有一个标准的形状，既不是圆头形，也不是塔形，而是在200～300 cm的空间内，形成的上小下大、上稀下密、上下分层、左右有间隙、上空外空内小空、通风透光、各大枝独立的树形。这些新树形区别于"一干三枝"树形，其主干高矮，甚至主干的数量并不影响树冠的形状，唯有对三主枝要求严格，是构成新树形的核心。这种树冠没有一个完整的、标准的形状，不能以外形命名。因此，笔者将其暂命名为"三主枝树形"。

（二）三主枝树形的类型

三主枝树形依据其是否存在中心主干，可分为开心形和主干形两类。

1. 开心形树形

开心形树形根据其树冠的形状，可细分为三主枝开心形和三主枝香柱形。

（1）三主枝开心形（彩图 6-2、彩图 6-3）

树形结构为三主枝开心形，其主枝延长枝和各副主枝侧枝自然生长，树冠构成扁圆形（图 6-6）。

（2）三主枝香柱形（彩图 6-4、彩图 6-5）

树形结构为三主枝香柱形，其主枝延长枝和各副主枝侧枝直立向上生长，似寺庙上香，故称为香柱形（图 6-7）。

 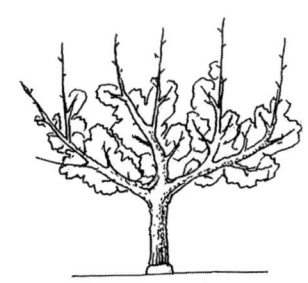

图 6-6 三主枝开心形示意图　　图 6-7 三主枝香柱形示意图

2. 主干形树形（彩图 6-6）

主干形树形根据其树冠是否具有明显的分层，可分为三主枝塔形和三主枝二层形。

（1）三主枝塔形（彩图 6-7）

三主枝塔形的中心有 1 个中心主干枝，向上生长 120～150 cm，分生 2 个副主枝，或是大侧枝，分成几层，形成塔形。三主枝塔形树冠的分层大致相同，似宝塔形，有时塔形分层是错开的，不在一个水平面上（图 6-8）。

（2）三主枝二层形（彩图 6-8）

三主枝二层形的中心主干枝第二层与第一层三主枝之间具有明显的两层结构，其层距大，为 50～60 cm。有的层距小，具有三层，是极少数树，因为 200 cm 的树高，若分层为三层，层距太小，易造成枝叶密闭，不利于通风透光，不是三主枝树形所需要的（图 6-9）。

图 6-8　三主枝塔形示意图　　　图 6-9　三主枝二层形示意图

三、三主枝树形的特点

（一）科学性

1. 结构简单，主次分明

三主枝树形的基本结构为三个主枝，呈现出一种相对简单而清晰的树形结构，这种结构不仅便于理解，也更方便进行后续的修剪和管理工作。在三主枝树形修剪中，三个主枝的划分非常明确，每个主枝均有各自的生长方向和空间。这种明确的分布使得树体结构更加清晰，有利于树体的均衡生长。

2. 光合效率高

通过三主枝树形修剪，树体的空间分布得到合理调整，修剪后的枝条分布合理、错落有序，树冠形成"上空下不空，外空内不空，小空大不空"的空间布局，保证了良好的通风透光条件。合理的空间分布和清晰的树形结构，使得每片叶能够更好地利用阳光，极大提高叶片的光合效率。

3. 生长结果分区

三主枝树形对树冠生长和结果进行分工分区，树冠上部为生长区，中下部枝梢为结果区。生长区蓄留不同等级的领导枝，通过拉动养分供给中下部结果区；结果区枝梢每年结果后回缩更新，培养成新的结果母枝。通过生长结果分工，实现果实高产稳产，减少大小年现象的发生。

（二）适用性

1. 近干挂果，果大质优

三主枝树形在柑橘内膛靠近主枝的枝组，通过留桩修剪、环割、控梢促老熟、秋梢挂果等技术实现近干挂果，树体的营养分配更加合理，果实生长得到更多的营养支持，提升果实的品质，果大质优，高产稳产。

2. 操作简单，管理方便

三主枝树形修剪后的树形结构简单清晰，使得修剪、施肥、病虫害防控等日常管理工作更加简单方便。同时，挂果集中在树体中下部内膛，树体骨架大，支撑力强，不需要吊果、撑果，减少用工，提高效益。

（三）标准性

1. 目的一致

三主枝树形修剪在确定三个主枝的基础上，遵循"以树为本，因树修剪"的原则，根据树势和枝条的生长情况，充分利用空间调整树形结构，提高光能利用率，平衡树势，提高果实品质和产量。

2. 修剪规范

三主枝树形修剪方法推行一年四剪，以冬、秋两季修剪为主，春、夏两季为辅。冬季休眠期调骨架，回缩更新结果枝组；秋季生长期每年放秋梢，培养优良秋梢结果母枝。春季开花前后，调花叶，梢多剪梢，花多剪花，促使生长，结果平衡；夏季控制夏梢生长，促进坐果和幼果生长。

3. **方法统一**

三主枝树形修剪方法包括疏剪、留桩、戴帽、摘心等。疏剪主要是去除病弱枝、交叉枝、重叠枝等，使树形通风透光；留桩主要是促发更多的新梢，形成近干挂果的结果母枝，增加产量；戴帽是促使戴帽下部两枝交接处潜伏芽萌发，减弱生长势，成为中庸短枝；摘心主要是对生长过旺的新梢，适时打顶促发二次梢，秋梢打顶促进枝梢提早老熟，组织充实。

四、三主枝树形与老树形的区别

三主枝新树形与老树形在主枝、副主枝的配备，树冠形状、结果部位、蓄留领导枝等方面有明显的区别。

（一）骨干枝数量

新树形对三主枝要求严格，3 个主枝是构成新树形的核心，而老树形的主枝数量是不固定的，一般留 3～5 个。新树形在每个主枝上固定配 2 个副主枝，老树形对主枝上的副主枝数量不做硬性要求，一般是 3～4 个。在实际生产中，老树形主枝更多，且从属不明（彩图 6 - 9）。

（二）树冠形状

新树形的树冠是一个在高 200 cm、宽 300 cm 的空间内，形成上小下大、上稀下密、上下分层、左右有间隙、各大枝独立的绿叶体。而老树形是指枝梢任其生长，形成上大下小、外满内空、没有层次、枝条郁闭、通风透光不良的各种圆头形，因自然生长而称为自然圆头形（彩图 6 - 10）。

（三）结果部位

新树形的结果部位位于树冠的中下部内膛，挂在主枝和副主枝的结果枝组上，靠近主枝、副主枝，形成内外立体结果。而老树形的结果部位位于树冠外围，由于各主枝相互争夺生长，致使结果部位逐年外移，内膛空虚，只有树冠上部一层果，形成平面结果。

（四）蓄留领导枝

新树形要蓄留中心主干领导枝，各个主枝均有不同等级的领导枝，各枝组之间主次分明，领导枝不挂果，利用顶端优势拉动养分供给中下部枝组生长结果；老树形没有蓄留领导枝，枝梢齐头并进，竞争生长。

（五）生长结果分工分区

新树形的树冠生长和结果分工分区，树冠上部为生长区，中下部枝梢为结果区；老树形没有分工分区，只有树冠外层结果。

五、三主枝树形数字化模式结构

（一）树形数字化模式结构

1. 骨干枝结构

①主干：1 个，高 40 cm。

②主枝：3 个，错位生长，分枝角 45°，各主枝水平夹角 120°。

③副主枝：6 个，每个主枝配 2 个，分布于主枝两侧，分生角 50°～60°，两个副主枝间距 20～30 cm，第一副主枝距主干 30 cm。

2. 绿叶体结构

①树冠：高 200 cm，冠幅 300 cm。

②树冠形状：在上述的空间内，树冠为上小下大、分层开档的独立绿叶体，没有明显固定的外形。

③侧枝：若干，分布于主枝、副主枝两侧，间距 30～40 cm。

④结果枝组：若干，分布于主枝、副主枝、侧枝两侧。大小各异，以侧枝为单位构成独立的小绿叶体，上下左右有间距。

(二) 树形结构解说

1. 主干

通过标准化育苗完全可以做到主干蓄留 1 个，但由于各种因素的影响，以我国当前的育苗水平，主干高矮粗细差异大。笔者从事容器育苗 40 余年，按国家苗木出圃标准，达到一级苗的为 60%～70%，有的小户苗圃一级苗只有 50%。因此建园定植的全部苗木无法完全达到定干标准，那为什么这么多的橘园，基本上还是 1 个单主干呢？这大部分是定植后培养的。健壮苗在定植后修剪定干（图 6 - 10），按干高 50～60 cm 为标准，在夏梢或秋梢中部壮芽定剪；若不足干高的，可培育后再定干；干高不足 40 cm，但以下有强分枝的，可降低主枝分枝点，提高副主枝分枝点。

2. 主枝

主枝蓄留 3 个，这是三主枝树形的核心指标，因此命名为

图 6-10 主干培养示意图

"三主枝树形"，是以"一干三枝"树形为模本构成的。当然也可放低标准，主枝为 2 个或 4 个，只要水平分布均匀也是可以的，但这只是个别树形的特殊处理。各主枝一定要错位生长，以保证营养畅通，互不影响。

各主枝的分枝角为 45°，标准高的苗木、生长势强的品种和定干后的一次梢生长旺，分枝角常小于 45°，管理中要采取撑、吊、拉的方法，增大分枝角度，使各主枝生长始终沿着以 45°分枝角为中轴线生长（图 6-11）。

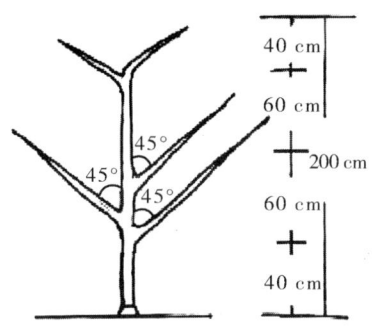

图 6-11 主枝分枝角度培养示意图

各主枝的水平夹角为120°，在生产中3个主枝错位分布在大概的方位就行，若有点偏差，可通过拉枝或利用主枝延长枝的剪口芽来调整（图6-12）。

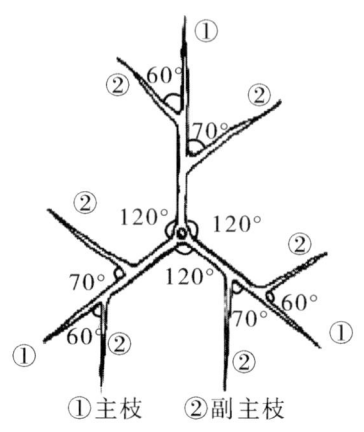

①主枝　②副主枝

图6-12　主枝、副主枝培养示意图

3. 副主枝

副主枝蓄留6个，而三主枝树形每个主枝只配2个副主枝，枝条多了太拥挤，妨碍结果枝组的培养，不利于近干挂果。

副主枝生长间距为20～30 cm，第一副主枝离主干的距离为30～40 cm，便于形成下满上空、结果部位下压的生长结果层次，有利于稳定结果重心，以及基部通风。

各副主枝的分生角、水平角任其自然生长，一般不做整形调整。以其生长在各自的生长空间，互不交叉，不拥挤为准。

4. 结果枝组

结果枝组的数量不限，大小不同，以大小搭配在主枝、副主枝、侧枝两侧上，分布均匀，上下左右有间距，互不拥挤。结果枝组按照强弱长势，可逐年分批回缩更新。

5. 树冠

树冠的高度为 200 cm，这种高度有利于生产管理，尤其是采果。目前柑橘采果机械运用很少，大部分果园均是采用人工采果的方式，柑橘高处不易采摘，人工采果费时费力，采摘效率低。通过降低树冠高度，采果轻松容易，提高了采摘效率，可降低采果成本。

树冠的冠幅为 300 cm，这是柑橘的生物学特性，也是成年结果树可能达到和需要的空间距离。一般品种株产 50～100 kg，冠幅 300 cm 就能达到这个产量标准。

6. 绿叶层

绿叶层的厚度为 160 cm，距离地面 40 cm，上下分层、左右错开、上小下大、上稀下密，这是对绿叶层的总要求。但在生产应用中，果农的经验和水平相差极大，若应用得当，叶的光照条件好，其光合作用得到充分发挥，能大大提高叶的光合效率。若应用不当，树冠阴郁密闭，树体衰弱老化，病虫害滋生，防控难，产量低，品质不佳。为增加柑橘产量，提高果实品质，方便操作管理，形成合理的绿叶层结构，应依据三主枝树形树冠结构形成不同模式的绿叶层。

（1）三主枝开心形

绿叶层厚 160 cm，离地 40 cm，树冠上层开口开档，侧面分层，通风透光，形成一个在冠幅 160～300 cm 的空间内，上小下大，上稀下密，上空外空内小空，各主枝为独立的绿叶体（图6-13）。

（2）三主枝香柱形

在冠幅 160～300 cm 的空间内，各主枝向上 45°斜向生长，副主枝自由斜长，上下左右有间隙，以主枝、副主枝形成大绿叶体，以结果枝组构成小绿叶体，均匀分布，通风透光（图6-14）。

（3）三主枝塔形

绿叶层厚 160 cm，离地 40 cm，上下分成三层，上层冠幅 100～130 cm，中层冠幅 150～180 cm，底层冠幅 300 cm，层距 20～30 cm，形成上小下大、左右有间隙、通风透气、立体见光、内外结果的树冠结构（图 6 - 15）。

（4）三主枝二层形

绿叶层厚 160 cm，离地 40 cm，上下分两层，上层小，下层大，上层冠幅 150～200 cm，下层冠幅 300 cm，层距 50～60 cm。形成上下分层，左右有巷，以大枝为单位构成大的独立绿叶体（图 6 - 16）。

图 6 - 13　开心形绿叶体结构示意图

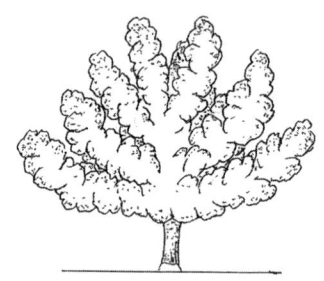

图 6 - 14　香柱形绿叶体结构示意图

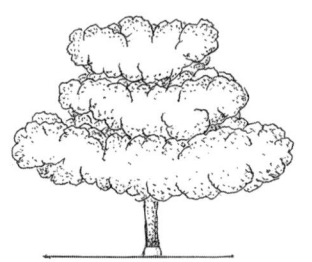

图 6 - 15　塔形绿叶体结构示意图

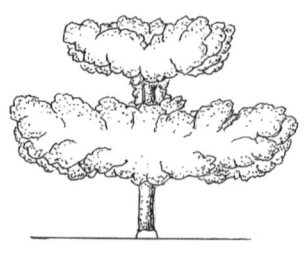

图 6 - 16　二层形绿叶体结构示意图

第七章　柑橘幼树整形修剪

柑橘幼树生长势强，生长旺盛，一年能多次抽梢。对幼树整形修剪宜轻，按照树形要求培养主枝、副主枝，每个主枝蓄留领导枝，促进幼树快速生长，扩大树冠成形，提早进入投产期。幼树的整形修剪以促进生长为主。

一、幼苗培育

（一）嫁接苗培养

1. 嫁接苗整形修剪技术的改进

在过去，柑橘整形修剪被认为是种植后的事，与育苗没有关系。苗木生长时，不抹芽，不疏芽，不打顶，不摘心，不做圃内整形修剪，任其自然生长。但随着国外先进育苗技术的引进，我国育苗由圃内培养三个分枝转变为单干育苗，一般苗木大多数为单枝延伸，若有分枝则在出圃取苗时剪除。

（1）圃内整形技术

20 世纪 70 年代后，随着密植技术的兴起，低干有分枝成了当时的育苗标准，还被写进了国家苗木出圃标准。一级苗必须要有三个分枝，不然再高的单干苗，也只能算二级苗，到现在这个标准也未修改。那时在苗圃育苗（都是露地苗）要培养三个分枝，作为定植后的永久性主枝。但经过实践证明，发现圃内培养的三个分枝，根本不能成为种植后永久性主枝，而多数转变为一个主枝。同时由于培养分枝，耽误了苗木的生长，影响了主干的成形。20世纪80年代后，生产中都放弃了这种圃内整形方法。

（2）单干育苗技术

改革开放后，我国引进了国外先进育苗技术，1982年"中澳柑橘合作项目"第一次采用柑橘容器育苗技术，培育优质单干苗。不打顶，不摘心，只疏芽，保持单枝延伸，每株苗插一根小竹竿，每次梢用捆扎器捆绑固定，保持其能完全直立生长。随后我国柑橘育苗都采用这种单干育苗的方法，直至现在，整形修剪技术有了很多改变，但单干育苗一直没有变。

2. 嫁接苗培育与整形修剪

（1）根系修剪

①枳壳小苗断根移栽：国外播种枳壳砧木小苗用播种盒，移栽根系不受影响。而我国大都是采用苗床播种或篮筐播种，移栽时易造成主根弯曲，影响生长（图7-1）。若要把幼苗主根放直，操作很困难，但断根后移栽就能解决这个矛盾。苗床枳壳小苗分期移栽，先种大苗，长起后再种小苗。小苗取出后，主根留5~8 cm，用剪刀剪断或用刀砍断主根（彩图7-1）。再打生根

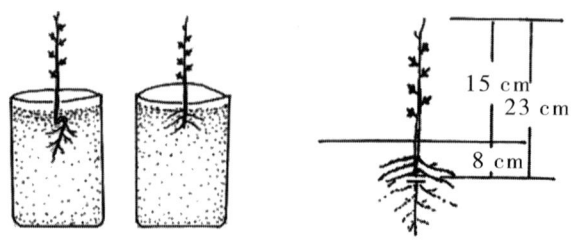

图7-1　枳壳小苗主根弯曲与断根示意图

剂黄泥浆栽种，操作方便，种植后生根快、发根多，不存在主根弯曲的现象。

②嫁接苗断根定植分为容器苗断根和露地苗断根。

容器苗断根　据笔者对容器苗生长情况的观察，容器苗根系生长存在两个问题：一是根在苗钵（盒）内盘绕，依器成状，侧根须根绕成一坨（彩图 7 - 2）。移栽时必须断根，栽后才容易发根，不然发根慢，发根难，影响生长。二是根系僵死，不断根很难发根（彩图 7 - 3）。容器苗移栽断根方法：种植时，先去掉育苗钵（盒），然后用剪刀纵向剪断或用刀砍断表根，抖松容器土团，再切断钵（盒）底垂直根，切去 1/5～1/4 土团，然后才种植。

露地苗断根　露地苗挖取苗时，只需保留 20～25 cm 长的根系即可，过长的一律剪去，挖伤挖破的根回缩到好根处。根系生长不良的，带土移栽更好。

（2）嫁接苗培养

①连续打顶：这项技术是笔者育苗创新的成功经验，应用了 20 多年，效果极好。在幼苗发芽后，除春梢和最后的二次秋梢不打顶外，一次夏梢、二次夏梢和一次秋梢这三次梢都只留 5～6 叶打顶，有的也可留 3～4 叶，每次梢自剪后即打顶。这样对苗木连续打顶有多个优点：a. 橘苗生长直立，不用插竹竿，不用捆，一株不倒，生长挺直，提高管理效率，减少用工。b. 橘苗生长壮实，叶片光合效率高，笔者栽培的一级标准苗径高 80～100 cm，径粗 0.7～0.8 cm，生长直立，互不遮光。c. 连续打顶，每次梢短，壮芽节位多，有利于种植后的主枝选留和培养，平衡各主枝生长势。d. 发芽长梢整齐一致，便于管理。e. 操作规范简单，易掌握，工效高。

②疏芽：苗圃疏芽，技术操作要求较高，通过几次疏芽留芽，以平衡长势，使苗木生长一致，不会强弱相差太大，出现强挤弱现象。在疏芽时要注意，基枝强留弱芽，基枝弱留强芽，使"强＋弱＝弱＋强＝中＋中"，确保所有苗都能平衡生长（图 7 - 2）。

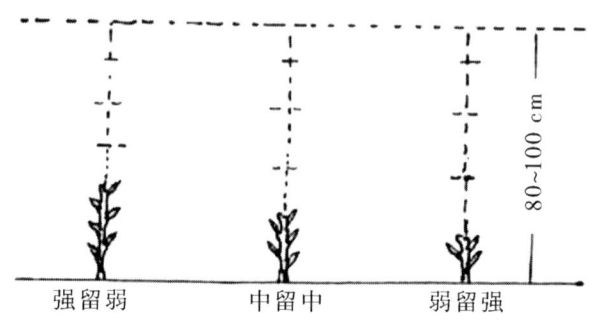

强留弱　　　　中留中　　　　弱留强

图 7 - 2　疏芽留芽示意图

③抹芽放梢：尽管采取了统一打顶，萌芽长梢比较整齐，但总有个别强旺单株先发芽，对于这种强旺单株可先抹芽 1～2 次，等 70％的单株萌芽时，再让这些苗一起发芽长梢，以便于生产管理工作基本一致。

（二）幼苗假植

幼苗假植是笔者建园应用的经验。为了防止和减少病虫危害，减少幼苗管理工作量，近年来，一些产区也推广幼苗假植，培育大苗定植的方法。幼苗通过 1～2 年假植，可培养出发达的根系、主干和一级分枝，有利于幼苗分类定植，减少了果园幼树管理工作量。

1. 幼苗假植技术的形成与应用

（1）假植技术的形成

在没有容器育苗前，柑橘大面积建园用一年生露地苗定植，成活率低，缓苗期长，生长不整齐。1981 年，我国第一个与国外协作的柑橘项目——"中澳柑橘合作项目"落地零陵地区柑桔示范场（现为永州市柑桔示范场）。1982 年春，由于零陵地区柑桔示范场还没开始建园，加之当时柑橘苗木紧张，笔者当时就选择将原湖南省农业厅前期安排的 10 万株柑橘苗木集中假植在熟地上，于 1984 年正式建园时，带土移栽定植。这批苗木根系发达，一次齐苗，生长一致，种植两年后开始结果，比没假植的省工且效果好。

（2）假植技术的推广应用

从 20 世纪 80 年代开始，笔者指导的新建果园都逐渐开始采用幼苗假植，果农将一年露地苗集中假植 1～2 年后，再带土移栽定植，对建园效果明显。

①江永香柚农场：1995 年，零陵卷烟厂江永香柚农场计划建园 3 000 亩，笔者当时集中假植了 6 万株香柚苗，为开垦果园争取了足够的时间，香柚假植苗定植后生长旺，结果早，提高了建园质量。

②果秀原料基地：2005 年，果秀公司福田加工原料基地建园，由于种植地都是山地，水源短缺，春季定植都无水可浇。笔者指导使用假植 2 年的大苗带土定植。尽管 1 800 亩橘园都没浇定植水，但也做到了 100% 的成活，创造了不浇水种树的典型范例。

③网棚假植大苗：目前，江西省赣州等地大力推行"一园一棚"幼苗假植，在果园附近搭建 40 目防虫网覆盖的钢架网棚。每年用网棚假植一定数量的无病毒种苗，采用营养袋带土假植，利于保水保肥，移栽时带土块，不伤根系，栽后生长快，长势一致。在网棚内假植 1～2 年安全大苗，用于果园柑橘黄龙病树砍

除后及时补种，实行大苗上山，成活率高，树冠成形快，投产早，有利于防控柑橘木虱，延缓苗木感染柑橘黄龙病的时间。

2. 幼苗假植的特点

（1）苗木长势好，抗逆性强

山地大面积建园，新建橘园肥水条件较差，直接种树，即使成活了，枝梢生长也不会好。集中假植后的苗木就不一样，可选择肥水条件好的熟地，通过"开小灶"特别管理，就会比直接定植在山上的长势好得多。苗木通过假植，根系发达、须根多，有利于带土取苗，种后不缓苗，生长好。

（2）管理用工少

1 亩地大约可种植假植苗 4 000 株，1 亩假植苗约能种植 100 亩橘园。1 个果农可管理假植苗 5 亩，相当于管理果园 500 亩，大约能完成 20 个果农的工作量。

（3）移栽季节长，成活率高

假植苗是带土移栽，受季节的限制少，除 6—8 月高温天气外，其余时间均可种植，且成活率高。

（4）成园快，结果早

用假植 1～2 年的大苗建园，不坐蔸，生长快，果苗长势一致。定植第 3 年可结果，管理好的果园亩产可达 500 kg 以上，比种一年生苗提早 1～2 年挂果，产量高出一倍以上。

3. 幼苗假植的方法

（1）假植地选择与土地整理

①假植地选择：苗木假植要选择在地势平坦、土壤肥沃、光照条件好、排水通畅、灌溉条件好、背北向阳的缓坡熟地。在柑橘黄龙病产区，根据假植苗木数量搭建标准钢架棚或简易棚假植，效果更好。苗木假植地要交通方便，尽可能靠近新建园地，

以减少运输距离。

②土地整理：苗木假植对土地的要求是种植过作物的熟地，不需要耕翻，可直接开沟假植。可按 1 m 宽的距离，在土地上划石灰线，以石灰线为中心，开 40 cm 宽、30 cm 深的沟。将一层表土铲出，二层土挖松但不铲出，在每亩土地的沟内撒钙镁磷肥 50 kg，并与土壤混合均匀，即可假植苗木。

（2）假植方法

露地幼苗在假植前裹生根粉黄泥浆，稍干后再假植，一级标准苗按（30～40）cm×100 cm 的株行距单行假植，每亩地假植幼苗 2 000 株；而二级苗按照 30 cm×（40～60）cm 的株行距宽窄行假植，每亩地假植幼苗 4 000 株。假植时将苗木按株距直立靠放在种植沟的两边，再用圆铲将挖出的表土铲填在沟中间，然后将苗木提直立，并用双脚夹住苗木将土踏实，再培平表土，浇压根水。在窄行种植沟中间，每亩施腐熟菜饼肥 50 kg，与土拌均匀，然后将大行中的表土挖松打碎培在窄行上，使之形成宽 60 cm、高 15 cm 的土垄和宽 40 cm、深 15 cm 的行沟（图 7 - 3）。

4. 假植苗的管理

（1）整形修剪

①标准苗：a. 定干。种后幼苗高度按 50～60 cm 为标准值，戴帽修剪定干。b. 抹芽留梢。待芽自剪后，抹除株高 40 cm 以下的萌芽，在宽度 20 cm 的整形带内，选留 4～5 个不同方位、错位生长的壮芽。c. 抹潜伏芽。在生长季及时抹除主干上潜伏萌芽，保持单干生长。d. 疏梢。对于上部整形带内留的分枝，任其自然生长，待新梢展叶后，再进行疏梢，每次梢每个基枝留 1 个强分枝和 2 个弱分枝。e. 打顶。对延长强梢生长旺的可打

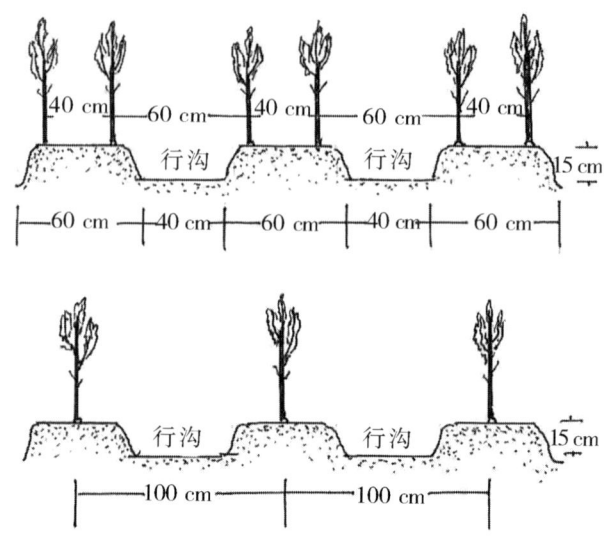

图 7-3　苗木假植剖面示意图

顶，一般的假植苗无须打顶，以减缓枝梢的生长势，促使根系生长。

②非标准苗一般无主干或主干低、细小，达不到定植要求。对于这种苗，假植主要是培养主干。要采取各种措施促进枝梢生长，培养新主干。对非标准苗的整形修剪还应注意以下几个方面：a. 非标准苗不要插竹竿扶直，任其自然弯曲，以促使潜伏芽萌发。b. 基枝潜伏芽萌发新梢多，只选留最旺的 1 个新梢进行培养，再进行换干。c. 新主干培养后，在顶部整形带内蓄留3～5 个分枝，再培养成一级主枝。d. 及时抹除新主干的萌芽，保持单干生长。

（2）肥水管理

幼苗假植时重要的是培养发达的根系，要重视土壤管理，适当控制肥水，不要让枝叶长得太旺，若枝叶过旺会抑制根系生长，也不利于栽后生长。幼苗种植后，在宽行垄侧边将土挖开一条浅沟，每亩施入腐熟菜饼肥 100 kg，施后挖松土，仍将原土盖好，对新根促发效果好。在假植苗生长季（4—9 月），每次梢撒施一次复合肥，第一年每亩每次施 10 kg，第二年每亩每次施 15 kg，雨前雨后将肥料撒于垄面上。为了促使根系的生长，假植苗可根据土壤墒情适时浇水，但需注意不要灌水过多。假植苗管理的目的就是培养发达的根系，水多了会导致枝叶生长繁茂，光长苗不长根。

（3）病虫害防治

假植苗的病虫害种类多，要采取综合防治，主治几种兼治其他。橙苗、柚苗需重点防治柑橘溃疡病，在虫害方面需重点防治柑橘潜叶蛾、柑橘红蜘蛛、柑橘凤蝶幼虫，其中又以防治柑橘潜叶蛾为主，注意在柑橘潜叶蛾为害低峰期放梢。对于药杀效果不好、为害严重的梢，要剪掉重放。柑橘潜叶蛾危害少了，柑橘溃疡病发生就少。

5. 假植苗移栽

（1）移栽苗标准

假植苗移栽时的高度要大于 100 cm，直径要大于 1.5 cm，主干的高度应在 40 cm 左右，分枝 4～5 个，已抽发 2～3 次梢。

（2）栽培方法

①带土取苗：假植苗移栽取苗要分类取，先移栽达到标准的苗，没有达到标准的苗再集中假植。取苗时先将覆盖在垄面上的稻草拨开，铲去表层土，直至露出根系；再用窄锄头挖去苗木四周的土，使每株苗成为一个高 20～25 cm 的土坨；最后用方铲或圆铲从行两边将苗木主根和大侧根铲断，用手抓住苗干提出，即

可包装。假植苗单株包扎，将包片直接捆扎在苗木主干上，也可以用编织带将土捆扎在苗木主干上，这样装车运输时能较好保护苗木。

②修剪：假植苗移栽一般不需过多修剪，但对一些生长旺、带不起土或土团松散的，可视根系情况相应地对地上部分进行修剪。疏除密生弱分枝，留 4～5 个强分枝，并对强枝短截，不剪叶，修剪程度视根系情况而定。这项工作需在种前进行，是假植苗带不起土的补救措施。

二、幼树整形修剪

（一）幼树整形修剪技术分析

幼树整形修剪是整个柑橘整形修剪的基础，是培养科学合理树形，实现柑橘早结、高产、稳产、优质的关键。自有柑橘栽培以来，栽培者都把柑橘整形修剪作为果园管理的主要措施，形成了不同的整形修剪技术。

1. 先乱后治，一剪定形

（1）方法

传统的柑橘种植者重种轻管，在果园管理时也是重肥轻剪，尤其会忽视幼树整形。到柑橘快结果时才去修剪，这时不管枝叶生长有多杂乱，也只能一剪定形。这种无故形成的一剪定形幼树整形修剪技术，现在也被省力化种植者采用，他们任由定植 1～2 年或 3 年的幼树枝梢自由生长到结果前一年冬季休眠期，再进行一次定形修剪。

（2）评价

一剪定形技术的优点是整形修剪用工量少，节约成本，减少了不适当的人为干预，能充分显现柑橘的生物学特性，柑橘树生长成形快。缺点是任树体自由生长几年不整形修剪，柑橘树很难达到理想的丰产树形，会使一些无效的枝梢生长。尤其对于一些不能灵活掌握运用整形修剪技术的果农来说，以形定枝，修剪量会过大，造成养分和时间的浪费。

2. 以形为准，按形修剪

（1）方法

也有种植者学习了柑橘整形修剪技术，知道了整形修剪的重要性，不管是新种的幼树，还是种了几年的树，都按树形进行修剪。修剪时定主干主枝，将多余的枝梢全部剪除，有的一次定形修剪量超过 70%，修剪后就剩下几个主枝光杆，造成了严重浪费。有的果农在幼树定剪后，只留几个主枝延长生长，将多余的枝梢全部剪除，不留辅养枝，造成叶面积减少，光合产物少，进而影响树体生长，致使树冠扩大慢，投产迟。

（2）评价

按形修剪这种机械的整形修剪方法，修剪很规范，修剪出的树形比较标准，符合生产要求。缺点是整形修剪过于机械死板，修剪中造成很多生物量浪费，没有产生生产价值，这样的整形修剪同样会延迟树冠的成形和投产。

3. 以树定形，因树整形

（1）方法

柑橘树形很多，但生产者认同的科学合理的树形也就几种。世上栽培的柑橘树成千上万，没有一棵是像工业产品一样完全相同的，那么柑橘整形修剪就要以树定形、因树整形。在整形修剪时，把不同生长类型的树按选择的树形和树的枝梢生长状况最大限度利用，尽量减少整形修剪量，使形因树而变，不要让形固定了树。

（2）评价

以树定形、因树整形是笔者推荐的整形修剪方法，这种幼树整形修剪方法，不管是定植后逐年培养，还是对生长几年的幼树整形修剪，都是因树整形，尽量利用已生长的各类枝梢，减少整形修剪量，以最少的修剪量达到最好的整形效果。栽培中既要有树形的标准规范，又要区别不同树的生长特性，并尽量使树体生长向标准树形变化，这是幼树整形修剪高效节本的最佳技术方法。这种整形修剪方法，若能做到一梢一剪，就会获得非常完美的整形效果。

（二）主干培养

主干是树体的核心，主干培养是柑橘树形整形的基础，主干的有无和高矮都会对树形产生影响。从笔者多年生产实践中发现，规范化栽培柑橘，培养单主干是最佳选择，而且以幼苗假植集中培养主干，省工省力，效果好。

1. 定干

标准苗定植后，及时进行定干修剪，按 50～60 cm 高度剪除上部枝梢和下部小分枝，保持一个单主干。

（1）强壮苗定干

强壮苗定干时，可采取戴帽修剪（图 7-4），其优点有三：一是定剪戴帽可延迟顶芽萌发，促使下部芽先萌发；二是戴帽修剪萌芽多，有选择主枝的余地，可以调整主枝分布方位；三是戴帽处嫩梢生长势弱，可减弱顶端主枝的生长优势，平衡各主枝长势。但要注意尽早疏芽，避免顶芽轮生，影响下部枝梢生长。

（2）中庸苗定干

中庸苗定干时不能戴帽修剪，应在壮芽处短截，以促使萌发旺枝，增强枝梢的生长势，形成生长健壮的主枝基枝（图7-5）。

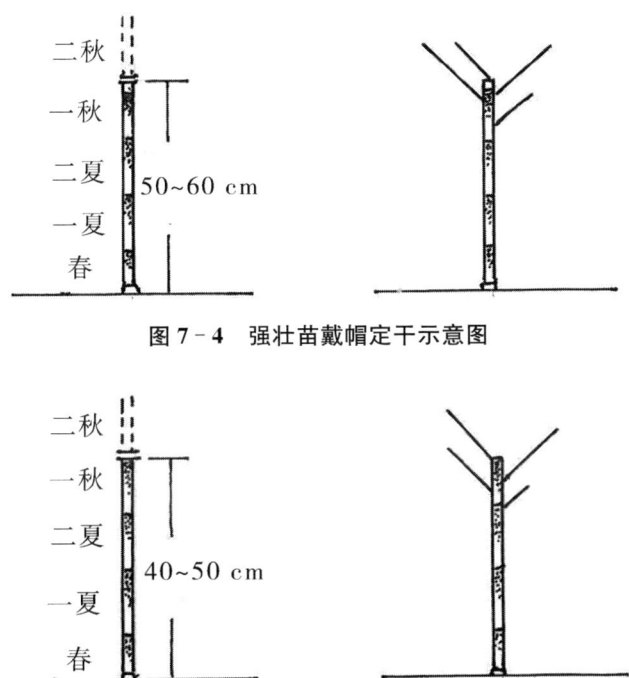

图 7-4　强壮苗戴帽定干示意图

图 7-5　中庸苗短截定干示意图

若高度不够也可降低高度，按 40～50 cm 定干。

2. 弱苗灵活培养主干

弱苗灵活培养主干，要因地、因品种、因树制宜，灵活应用，不能硬性强求。笔者在 1984 年的中澳柑橘合作项目中，就遇见过这样的情况，专家组长对澳方示范园种的温州蜜柑采用澳大利亚柑橘主干培养的方法，要求主干高 60 cm。为了使主干达到要求，在幼苗定植后，只在幼苗顶部留一个小枝，其他分枝全部剪掉，并插上竹竿扶直。当时大家以为这样做主干一定会很快长起来，可经过两年培养，只有少数树长出了顶梢，大部分梢长不壮，只有几个小枝。后来将苗木的竹竿去掉，把枝放下来，促使下部潜伏芽萌发新分枝，降低主干高度，因树制宜选留主枝，结果一年就形成了一个小树冠。弱苗灵活培养主干的方法如下。

（1）降低主干

幼苗有主干，若是主干高度不够，可在定植后继续培养主干，若分枝长势可以，也可利用分枝降低主干高度（图 7-6）。

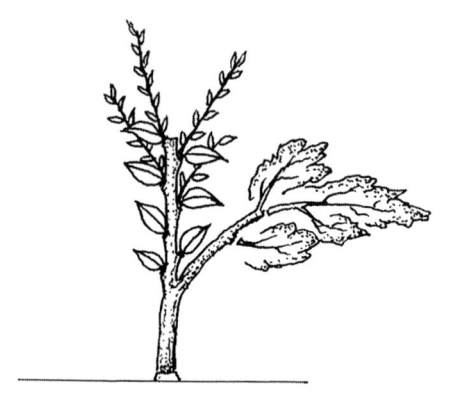

图 7-6　降低主干示意图

（2）换主干

幼苗生长势弱，易弯曲，没有明显主干或主干低，即使扶直也无法达到主干高度，这就需要重新培养主干，对幼苗进行换干（图 7-7）。若幼苗种下后长出较好的徒长枝，可视情况用来换主干，以培养符合标准的新主干，也可促发骨干枝上的潜伏芽萌发，定向培养成新主干。再适时摘心促进分枝，视长势进行拉枝，改变生长角度和方位，通过 1～2 年将其培养成新的主枝。

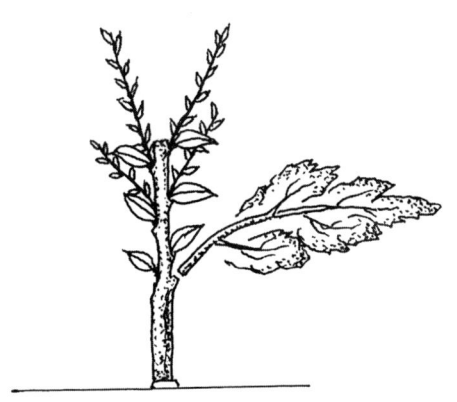

图 7-7　换主干示意图

（三）主枝培养

1. 主枝选留

（1）标准苗

定植后从主干顶端生长的一级枝梢中选留主枝，主枝 3 个，错位生长，分布方位均匀，各主枝间水平夹角 120°。若有选择余地，上部主枝选弱梢，下部选强梢，中部选中等梢，以平衡各主枝长势（图 7-8）。

（2）假植苗

定植时已有了主干，如隐芽萌发有徒长枝，及时抹除便可。

（3）非标准苗

最好不进行定植，继续集中假植培养，若定植则按照前述方法，先培养主干，再培养主枝。

2. 主枝培养

（1）主枝延长枝培养

幼树主枝延长枝即主枝领导枝，幼年领导枝培养在生产上具

143

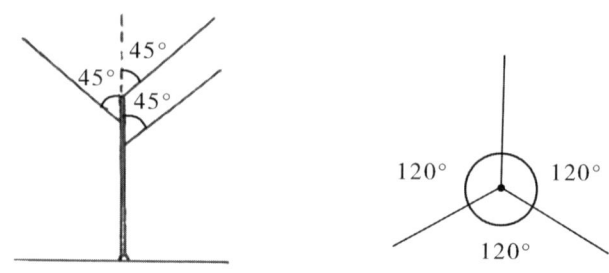

图7-8 主枝选留示意图

有重要的意义。目前，在四川、江西等柑橘产区也都采用蓄留领导枝的方法。领导枝修剪可促进幼树的快速生长，扩大幼树树冠成形，促使提早挂果。领导枝不挂果，利用其顶端优势拉动养分供给中下部位枝组生长结果。幼树领导枝培养必须保持单枝延长生长，独立领导，剪除多余强分枝，留1~2个弱分枝，控制竞争生长，又能使下部有足够的小枝，增加营养辅养枝（图7-9）。

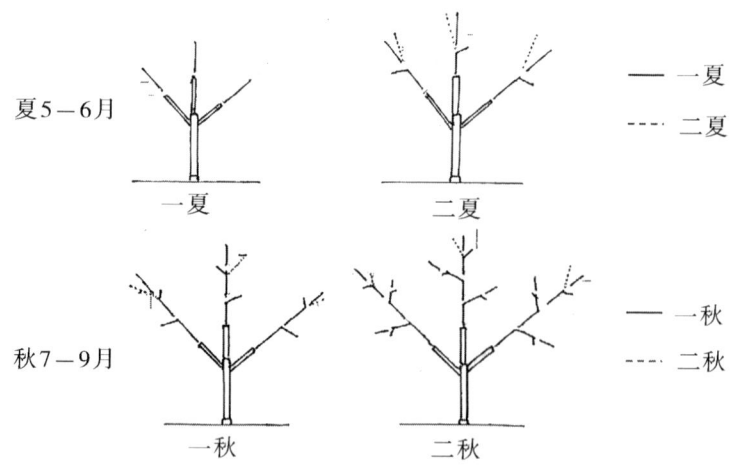

图7-9 控制竞争枝延伸修剪示意图

（2）调整分枝角

主枝的分枝角以 45°为好，但一般柑橘品种主干定干修剪后的一级新梢顶端优势明显，分枝角大都小于 45°，这就需要通过拉枝来校正分枝角度（图 7 - 10）。拉枝要在一次梢老熟后、二次梢生长时进行，此时易于定形，效果好。

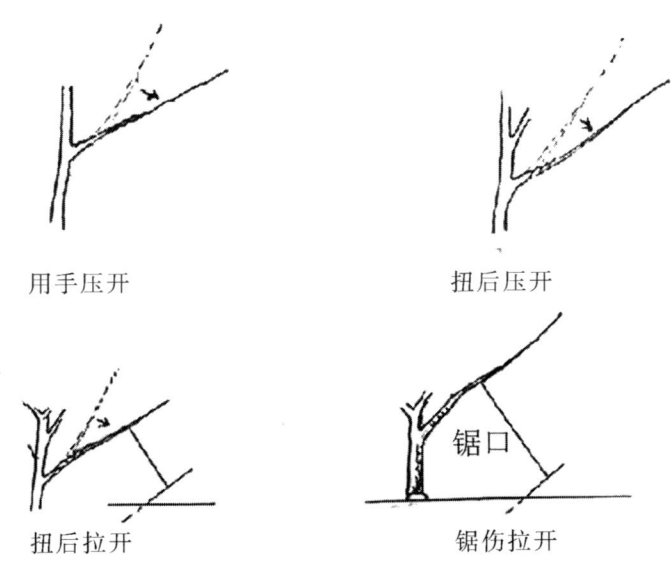

图 7 - 10　分枝角调整示意图

（3）平衡生长势

由于各主枝的生长部位不同等多种原因，生长上会出现差异不平衡，往往是上部主枝强，下部主枝弱，我们要通过修剪整形方法，促使平衡生长。

①延长生长梢选择：促进平衡生长的第一条措施是强弱搭配。基枝强延长选弱梢，弱枝选强梢，促进平衡生长（图 7 - 11）。

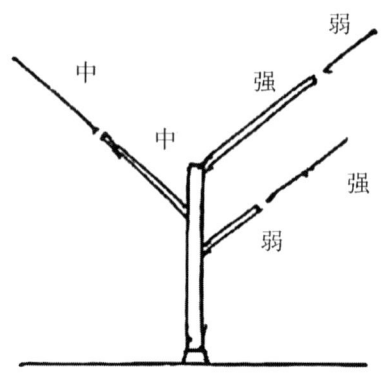

图 7 – 11　生长梢强弱搭配示意图

②调整分枝角：在分枝角 45°上下进行大小调整，主枝生长势强，适当增大分枝角度，使延长枝长势减弱；主枝生长势弱，适当扶直，减少分枝角度，增强生长势。

③打顶：每次领导枝均要打顶，剪除枝梢顶端弱芽，以保证总是由壮芽萌发抽生领导枝。

（四）副主枝培养

三主枝树形每个主枝只选留 2 个副主枝，留出足够树冠空间，增大树体通透性。第一副主枝离主干 30 cm。第二副主枝离第一副主枝 20～30 cm，着生在树冠中下部。副主枝生长任其自然，各自寻找树冠空间生长，适度引导，无须过多的人工干预。

副主枝延长生长，也要按照领导枝的方法培养，蓄留不同等级的领导枝，枝组之间主次分明。领导枝不挂果，主要功能是拉动养分。副主枝分生角度较大，为 50°～60°，水平角度也较大，生长较为直立，以保持副主枝的生长势（图 7 - 12）。

副主枝和主枝应保持主次从属关系，防止竞争生长，扰乱树

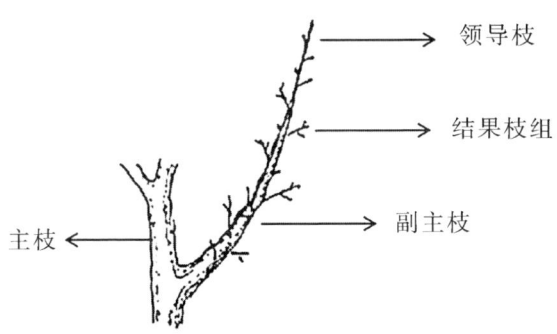

图 7‑12　副主枝培养示意图

冠结构。主枝、副主枝、侧枝和结果枝组构成独立的绿叶体，上开口侧分层，外有光路，内有气道，以保证树冠内膛通风透光。

（五）结果短枝培养

幼树在培养主枝、副主枝的同时，要注意大枝中下部短枝的培养。这些短枝是构成幼树提早结果的结果枝组，分布于主枝、副主枝上，大小搭配，稀疏适宜。

1. 留桩修剪促发短枝

幼树在疏除直立枝、竞争枝时，可视情况留桩修剪，这样可使旺枝变弱，少枝变多，但不能全留桩，留桩过多会导致短枝密挤，生长不良（图 7‑13）。

2. 戴帽修剪促发短枝

幼树枝梢修剪要依据树冠空间选择修剪方式。空间大，戴帽修剪后发梢多；空间小，短截后发梢少；无空间则疏除，以不密挤为度。

3. 疏除直立枝、下垂枝、密生枝

幼树主枝、副主枝上生长的直立枝，易旺长、争夺营养、扰

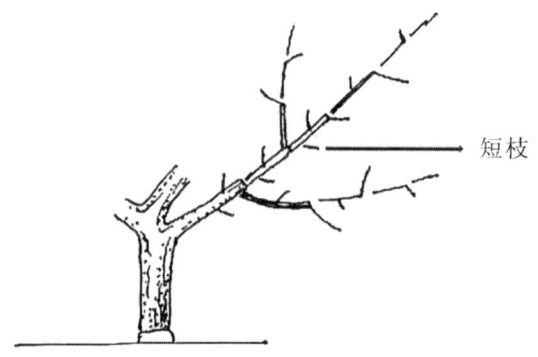

图 7 - 13　培养中下部短枝示意图

乱树形，应及时疏除。幼树树冠增大以后，先端下垂枝易接触地面，沾泥染病，妨碍管理，要及时剪除，落地枝要在有上翘枝处剪除，并分次进行，逐步抬高。而对于密生枝，视生长情况，逐次疏除，以改善内膛枝梢的光照条件。

4．摘心

摘心即打顶，对生长过长的新梢，可适时打顶促发二次梢，秋梢打顶促进枝梢提早老熟，组织充实。而对于晚秋梢、冬梢则控制抽生，及时抹除或留一梢 1～2 叶摘心，防止再抽生。

5．摘除花蕾幼果

嫁接苗幼树极易成花，正式投产前在每年春梢萌芽后，花蕾绿豆大小时开始摘除。花蕾若有未摘完的，坐果后还需继续摘除，以节约树体养分，促进营养生长，早成形，早投产。

（六）整形修剪技术的灵活应用

柑橘幼树整形修剪的各种技术体系都有不同的技术标准和操作规范，但生产中树形会因多种因素影响而变化。在实际生产中进行整形修剪时，我们一定要灵活掌握运用整形修剪技术，才会取得应有整形修剪效果。

1. 灵活利用潜伏芽培养主干、主枝

培养主干、主枝是柑橘树形的基础，是树形的骨架，生产者都很重视。在生产中，大多数生产者都按标准模式进行修剪，生搬硬套，不能灵活掌握，不仅耽误了时间，还造成养分浪费。笔者多年的实践经验表明，充分利用潜伏芽，对培养主干、主枝有极好的效果。1984 年在中澳柑橘合作项目期间，澳方示范园和中方跟班园种的是同一品种（温州蜜柑），使用同样的苗木（一年生假植苗），就因整形修剪不同，生长差异极大。澳方按照澳大利亚甜橙大株稀植方法进行整形，主干高 60 cm，主干以下的分枝全部剪除，主干分枝下部潜伏芽萌发，也全部抹除。而中方采取 30 cm 低主干，利用潜伏芽换干技术，培养新主干，新的一级分枝生长快，一年就形成一个有三级枝且直径 120～150 cm 的树冠。而澳方示范园生长一年的树冠只有中方跟班园的一个分枝大。

对待潜伏芽在幼树主干、主枝培养中的利用，生产中也存在不同看法。有的主张用，有的主张不用，在什么情况下用应灵活掌握。

（1）看幼苗长势

幼苗生长势强，分枝分布均匀，生长也旺，就应及时抹除，不要等到冬剪，长大了剪留两难；幼苗长势较弱，就应蓄留，改造利用，它会比原来枝干生长快、长势旺。

（2）看潜伏芽位置和长势

由于各种因素影响，幼苗整形后 1～2 年，极易在主干中下部萌发潜伏芽，这种特性给柑橘整形提供了利用价值。如生长位置恰当，长势也旺，就应蓄留培养，进行换干换枝。若不用则及

时抹除，避免无效生长，造成养分浪费。

2. 控夏梢，培养秋梢结果母枝

秋梢是幼年结果树的优良结果母枝，若要幼树早结高产，放好秋梢很重要。常规栽培老式修剪方法是使树冠外围秋梢挂果，容易做到结果早、产量高。但新的整形修剪方法是使下部内膛挂果，如何在内膛长出好的秋梢，就要灵活应用各种技术措施。

（1）控夏梢

幼年结果树，尤其是前1～2年挂果树，营养生长旺盛，内膛很难形成优良秋梢结果母枝。这就要控制夏梢生长，抹除夏梢，为秋梢生长积累养分。

（2）抹芽放梢

放秋梢时要按照抹除放梢技术，萌芽时，抹1～2次芽，以促使中下部出芽整齐。放梢时，顶端再抹1～2次，待中下部大部分萌芽了，再统一放梢，这就会培养出中下部的秋梢结果母枝。不然只顾培养领导枝，下部没有结果母枝，会影响幼树早期产量。

（3）改造利用直立枝、徒长枝

幼年结果树内膛极易抽生直立枝，有的还是徒长枝，常规修剪时一律抹除或剪除。要灵活应用新的修剪技术，尽可能改造利用直立枝、徒长枝，结果后予以剪除，以增加早期产量。

第八章　柑橘结果树修剪

　　柑橘结果树修剪是柑橘整形修剪最重要的部分，是整形修剪效果的价值体现。结果树修剪过去只在冬季休眠期进行，生长季一般不修剪。而新修剪方法推行一年四剪，以冬、秋两季为主，春、夏两季为辅。冬季（12 月至翌年 2 月）休眠期调骨架，回缩更新结果枝组，修剪量大；秋季（7—8 月）生长期每年放秋梢采取各种修剪方法，培养优良秋梢结果母枝，修剪量较少；春季（4 月）开花前后，调花叶，梢多剪梢，花多剪花，促使生长、结果平衡；夏季（5—6 月）控制夏梢生长，促进坐果和幼果生长。不同树龄的结果树，修剪方法是不同的，应区别对待，采用相应的修剪方法，才能显现出修剪的效果。规模化果园，冬季和秋季请专业队伍修剪，春季和夏季自行修剪，或全部承包给专业队伍修剪，以保持修剪的持续性、连贯性，保证修剪质量与效果。

一、结果树修剪技术分析

　　柑橘结果树每年都要进行修剪，这是种植者的共识。可如何修剪，什么时候修剪，修剪几次仍有争论，以下是对结果树不同修剪次数的技术进行简要的分析。

（一）一年一剪

一年只在冬季（12月至翌年2月）休眠期修剪一次，这是目前大多数果园的修剪方式，也是我国栽培柑橘传统的修剪方法。这种修剪方法可充分利用农村农闲时间进行，不与其他农事争劳力。缺点是一年只修剪一次，在柑橘生长期不修剪，会造成较多的无效生长和营养浪费。一年一剪配合相应的果园管理措施，是今后省力化栽培的发展方向。

（二）一年两剪

一年两剪主要在冬秋两季进行。冬季（12月至翌年2月）修剪调骨架，回缩更新各级枝，疏剪病虫枝、衰退枝、交叉枝、下垂枝等各种没有生产价值的枝梢。秋季（7—8月）修剪通过以梢换梢、以果换梢、二次放梢，培养优良结果母枝，平衡结果与生长关系，达到高产稳产、减少大小年差的目的。

（三）一年三剪

一年三剪包括了柑橘树休眠和结果重要的两个生长季节的修剪。冬季（12月至翌年2月）修剪：调骨架、回缩更新结果枝组，疏剪各类无用枝等。春季（4月）修剪：见花修剪，调花叶，花多剪花，梢多剪梢，减少花梢生长消耗养分，平衡生长和结果关系。秋季（7—8月）修剪：培养秋梢结果母枝。

（四）一年四剪

冬调骨架，春调花叶，夏控梢，秋放梢，这是笔者推荐的柑橘修剪技术新方法。一年四剪技术从表面看，似乎修剪工作次数增加，修剪工作量会增加很多。其实并不是这样，四次修剪是把很多要冬季才剪的枝梢，在春夏秋生长季就修剪掉了，减少了很多枝梢的无效生长，也就相对减少了冬季的修剪量，同时还节约了养分。修剪用工与其他修剪方式差不多，或略有增加，但修剪效益比其他方式高出不少。

一年四剪在各季都要修剪，小面积果园容易做到，但对规模大的果园来说较难，尤其是要有修剪技能的果农来修剪更难。因此，我们认为中国柑橘修剪应走专业化、产业化的路子。近几年，在一些柑橘产区已经开始出现规模不一的专业修剪队，在各地进行柑橘修剪。尽管他们技术水平不一，但已初步形成了专业化的修剪模式，这是规模化果园今后的发展方向，请专业修剪队进行冬季大剪。承包人在生长季小剪，这种大小相结合的修剪方法是适应规模化果园的最好修剪形式。

二、幼年结果树修剪（4～6 年生或 8 年生）

（一）生长结果特点

柑橘幼年结果树营养生长旺盛，枝梢生长量大，树冠还在扩大，生殖生长由弱变强，结果由少增多，是由营养生长转入生殖生长的阶段。

（二）修剪原则

幼年结果树修剪要在保证营养生长的情况下，逐渐增加挂果量（产量），达到提早结果的目的，但切忌过度追求早期高产，以免影响树冠增长扩大。

（三）修剪方法

1. 冬季修剪（12 月至翌年 2 月）

（1）继续培养领导枝

在树冠没有达到生长标准高度前，各主枝领导枝要继续培养，保持一长一短或 2～3 个短的单枝延伸生长（图 8-1）。幼年结果树的领导枝不能太旺长，短截领导枝不能太重，避免出现重剪旺长，形成扫把枝，出现"群龙无首"的现象。

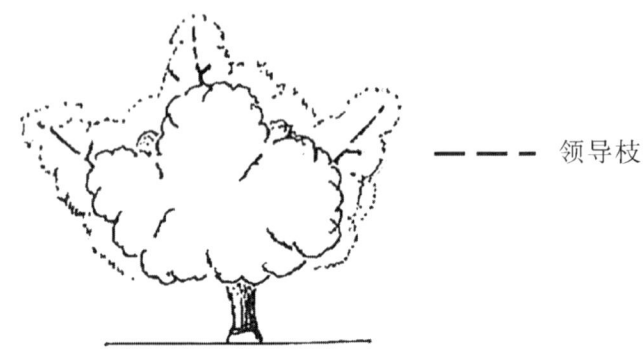

———— 领导枝

图 8-1　继续培养领导枝示意图

（2）回缩结果枝、结果母枝

凡是已结果的结果枝和结果母枝，一律回缩，视情况确定是否留桩或留桩长短（图 8-2）。

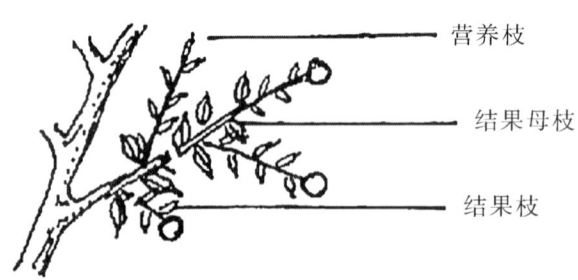

—— 营养枝

—— 结果母枝

—— 结果枝

图 8-2　回缩结果枝、结果母枝示意图

（3）疏除密生枝、下垂枝、落地枝

对于密生枝、下垂枝和落地枝这三类枝梢，一律不留桩疏剪（图 8-3）。

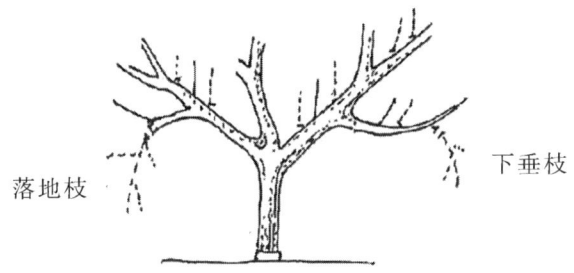

图 8-3 疏除密生枝、下垂枝、落地枝示意图

（4）改造利用徒长枝

幼年结果树营养生长旺，中下部极易抽生徒长枝，一般均在生长季抹除。若空间允许，也可留下改造利用，待结果视情况疏除（图 8-4）。

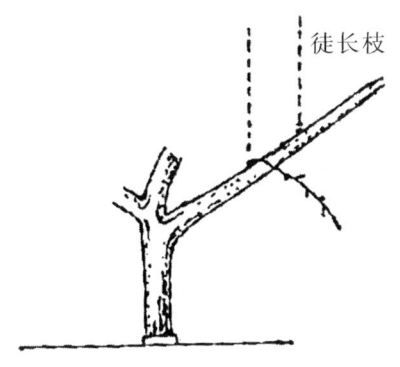

图 8-4 改造利用徒长枝示意图

2. 秋季修剪（7—8月）

（1）培养秋梢结果母枝

柑橘幼年结果树以秋梢结果母枝为主结果枝，修剪培养优良的结果母枝是早结高产的基础。

①二次放梢：凡是在春梢基枝上抽生了夏梢的，分四种情况进行放梢。a. 夏梢生长强壮，可对此类夏梢进行中短截，留壮芽促发秋梢（图8-5）。b. 夏梢生长中庸或较弱，春梢基枝强，对夏梢戴帽修剪促发秋梢（图8-6）。c. 夏梢弱，春梢基枝中庸，对春梢在壮芽处短截修剪促发秋梢（图8-7）。d. 未发夏梢的春梢，生长旺也可对春梢短截修剪促发秋梢（图8-8）。

夏梢

春梢

图 8-5 夏梢中短截促发秋梢示意图

夏梢

春梢

图 8-6 夏梢戴帽修剪促发秋梢示意图

夏梢

春梢

图 8-7 春梢在壮芽处短截促发秋梢示意图

春梢

图 8-8 春梢短截修剪促发秋梢示意图

②以果换梢：秋梢是柑橘幼树的优良结果母枝，前一年结果多的幼树很难放出好的秋梢。对于这种树可在7月放秋梢前

10～15 天，摘除或带萼片剪除直立枝生长的顶果、大泡果、日灼果，促放秋梢（图 8-9）。

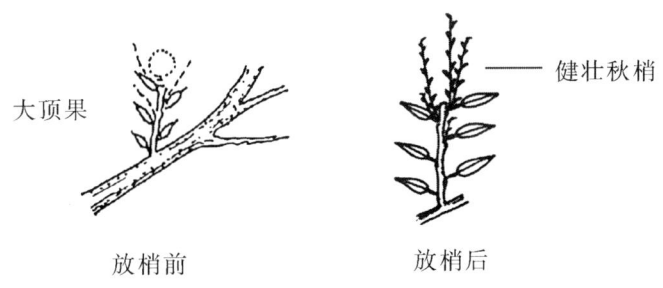

图 8-9　以果换梢前后示意图

（2）疏剪或利用徒长枝

一般均在生长季抹除中下部易抽生的徒长枝，若有空间可进行改造利用。

（3）疏除密生枝、细弱枝

密生枝和细弱枝易扰乱树形，争夺养分，应及时疏除，改善树体内膛枝梢的光照条件。

3. 春季修剪（4 月）

（1）疏剪旺长营养枝

幼年结果树挂果少，营养生长旺盛，中上部易抽发鸡爪状、扫把状营养枝，应在开花前后及时疏剪，每个基枝留 2～3 个营养新梢一长一短或一长二短，错位生长（图 8-10）。

（2）疏除密生基枝

树势旺的幼年结果树，冬剪基枝留的多，如抽生的新梢无花蕾，全是营养枝且密挤，可视情况适量带基枝疏除（图 8-11）。

（3）疏除密生花枝

对主枝、副主枝上各类花量多的密挤结果枝，可视情况疏剪

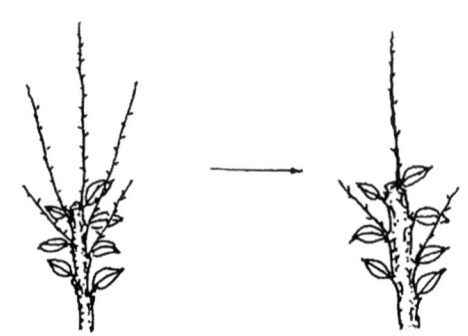

图 8‑10　疏剪旺长营养枝示意图

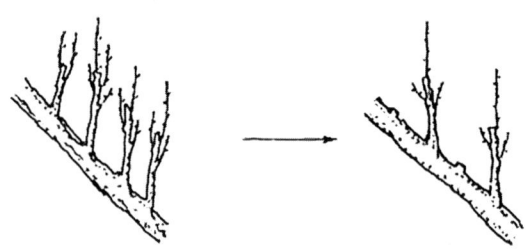

图 8‑11　疏除密生基枝示意图

部分，以保持枝梢和果实生长发育应有的空间，减少不必要的营养消耗。

（4）疏剪落花落果枝

尤其是一些密生、细弱的落花落果枝，应及时疏剪，减少营养消耗。

4. 夏季修剪（5—6 月）

控夏梢是幼年结果树夏季修剪的主要任务，要根据品种、树势和管理具体情况，采取相应的技术措施进行控梢。

（1）生长结果分区

幼树结果以秋梢结果母枝为主，秋梢均是幼树的末级枝，幼树结果均分布在树冠中上部外围，尤其是南亚热带柑橘产区，夏梢生长会造成梢果矛盾突出。调整幼树结果在树冠中下层，上部只长梢，使幼年结果树的生长和结果分区，减轻了夏梢生长产生的梢果矛盾。

（2）营养控梢

调整树势，平衡生长，适当控制肥水，使树势稳而不旺。

（3）化学控梢

使用各种抑制梢生长的药剂在夏梢萌发前喷施，对控制夏梢有一定的作用，适宜大面积果园的控梢。

（4）人工控梢

当夏梢抽生后，用人工抹除，这是传统控夏梢的方法，适宜小面积果园控梢。

（5）以剪代抹

夏梢发生后，除各级延长枝需蓄留外，其他位置抽生的枝条，在自剪前带基枝疏剪，可控制夏梢再抽生，减少抹梢用工。

（6）抹除树干潜伏芽萌发枝

由树干上潜伏芽萌发的各种直立枝、徒长枝一律疏除，中庸斜生枝视情况留用。

三、成年结果树修剪（10～20 年生或 30 年生）

（一）生长结果特点

柑橘成年结果树结果期长，可达 20～30 年甚至更长。成年结果树结果期是柑橘的盛产期，此时结果多，产量高，这时极易造成生长与结果不平衡，出现大小年结果现象。

（二）修剪原则

通过修剪调控，及时更新结果枝组，培养优良结果母枝，保持上生长下结果、外生长内结果，平衡生长与结果的关系，减少大小年差距，防止出现大小年，达到稳产高产、延长盛果期年限的目的。

（三）修剪方法

1. 冬季修剪（12 月至翌年 2 月）

（1）领导枝换头

各主枝领导枝每年均要回缩换头，强枝选择弱枝换头，弱枝选择强枝换头，以维持领导枝均匀生长（图 8 - 12）。领导枝换头回缩要留桩或者短截，萌芽后按树势进行疏留，萌芽多选留 2～3 个芽，一强二弱，萌芽少的可以不疏芽、只疏花，培养为集体领导枝。

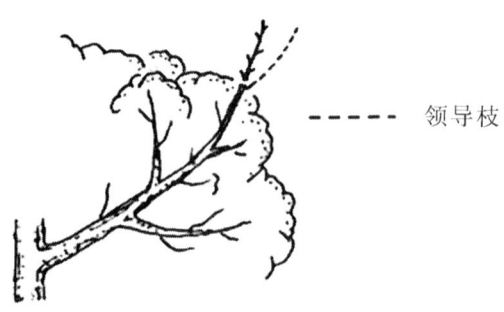

- - - - - 领导枝

图 8 - 12　领导枝换头示意图

（2）疏剪结果枝、结果母枝

结果枝、结果母枝结果后，一般都营养耗尽，均疏除不留桩。

（3）疏除密生弱枝、下垂枝

这些枝生长势弱，光合作用弱，光合效率低，一般均不留桩疏剪。

（4）回缩更新结果枝组

结果枝组经几年结果衰弱老化的，逐渐分批回缩更新，更新结果枝组一般均留桩修剪，以促使潜伏芽萌发，形成下一年结果母枝（图 8-13）。

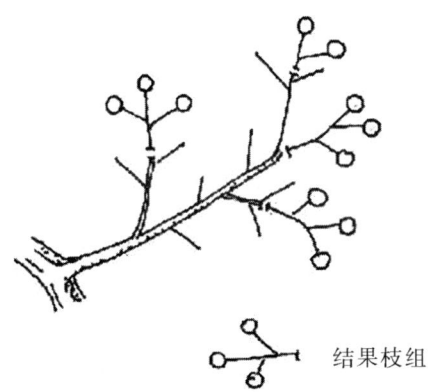

结果枝组

图 8-13　回缩更新结果枝组示意图

（5）培养蓄留春梢营养枝

通过留桩、戴帽修剪或回缩部分结果母枝，适当控制结果量，促使萌发春梢营养枝，作为翌年结果的预备枝，这是避免大小年结果修剪的关键。

2. 秋季修剪（7—8 月）

（1）疏剪落花结果枝

柑橘成年结果树花量大，落花、落果严重，谢花后至 7 月上中旬，可对落花落果枝组进行疏剪，既可节省养分，促进果实生长，又可促发健壮早秋梢。若冬季修剪回缩，将不能抽发秋梢形成结果母枝。

（2）以果换梢

摘除或剪除直立枝生长的顶果、大泡果、日灼果，促发秋梢。

（3）二次放梢

短截或戴帽修剪春梢或春夏二次梢，促放秋梢。

（4）改造利用徒长枝

对主枝、副主枝上抽生的徒长枝，视空间进行改造利用。有空间的可扭枝下垂，促使成花；无空间，则疏除且不留桩。

3. 春季修剪（4月）

成年结果树因每年结果情况不同，修剪方法也不同，因树而异，可通过修剪花梢调整结果与生长的平衡关系。

（1）旺树剪梢

营养生长旺的树，营养春梢多，花枝少，这时要疏除部分营养春梢，促进开花坐果。

疏剪旺长枝。成年结果树生长旺盛，要及时疏剪旺长枝，促进开花坐果和幼果生长。

疏剪密生枝。这类枝条易扰乱树形，争夺养分，全部疏剪，改善树体内膛枝梢的光照条件。

疏剪大枝上潜伏芽直立枝。大枝上的潜伏芽萌发形成的直立枝、徒长枝一般应疏剪，若是中庸斜生枝，可视情况留用。

（2）弱树剪花

营养生长弱的树，花枝多，营养枝梢少，这时要疏剪花枝，调整结果与生长的平衡关系。

疏剪无叶花枝。对密生、细弱的无叶花枝，应及时疏剪，以减少花蕾、幼果消耗树体养分。

短截长花枝。长花枝先端部分均是无叶花，短截1/3或1/4，留下有叶花枝部分。

疏剪密生枝、下垂枝。密生枝和下垂枝易扰乱树形，疏剪后均可减少花量，促进营养生长。

（3）因枝而异进行调整

成年结果大树的每个大枝，因生长位置等不同原因，每年生长开花结果也不相同，旺树有弱枝，弱树有旺枝（大枝）。此时修剪要将旺枝按旺树剪，弱枝按弱树剪，以促进树体生长均衡，便于统一管理。

4. 夏季修剪（5—6月）

一般成年结果树夏梢抽生很少，只有在管理较好，或是出现大小年结果的情况下，才会抽生较多的夏梢，这时我们就要采取措施控制。

（1）人工抹梢

当成年结果树夏梢抽发后，小面积果园可采用人工抹除，来控制夏梢再抽发。

（2）带基枝剪梢

夏梢抽生较多且密挤时，除各级延长枝需蓄留外，带基枝视情况疏除，可控制夏梢再抽生，减少抹梢用工。

（3）以果换梢

摘除或剪除直立枝生长的顶果、大泡果、日灼果，促发秋梢，培养成下一年的结果母枝。

四、大小年树修剪

由于多种因素共同影响，成年结果树柑橘产量在相邻的两年间出现大幅度波动，这种现象在生产中被称为大小年结果现象。消除大小年结果现象的修剪要从大年开始，在冬季休眠期进行。

（一）大年树修剪技术

大年树修剪主要是减少花量，降低产量，促进营养生长。

1. 疏除弱花枝、密生花枝

疏除大年树的细弱枝、密生枝，减少开花量。

2. 短截部分强枝，换发营养枝

疏除弱母枝，短截强母枝，保留中等母枝，减少开花量，促使抽生营养枝，这是消除大小年结果的重要方法。没有大年的营养春梢，小年就没有结果母枝，这是形成大小年结果的直接原因。

3. 回缩更新结果枝组

结果枝组要逐年分批回缩更新，通过留桩修剪，促使其潜伏芽萌发，形成下一年结果母枝，这也是大年培养营养春梢方法之一，不过大年回缩结果枝组要比常年多一些。

（二）小年树修剪技术

小年树优质结果母枝少，都是果梗枝和衰弱结果母枝，结果枝组营养生长旺，营养枝生长多而不壮。

1. 回缩更新结果枝组

尽量回缩大年结果后的结果枝组，减少营养春梢的抽生数量，集中营养保结果枝生长结果。

2. 疏除结果枝、结果母枝，多留营养枝

小年树疏剪结果枝、结果母枝时，要视情况而定，尽量多留营养枝。结果枝和结果母枝上只要有营养枝就都要保留，这点与一般修剪是不同的。

消除大小年结果修剪，要从大年修剪开始，只要通过修剪减

少大年结果量，就有足够的营养生长量，便有了小年的结果母枝。利用内膛短枝近干挂果，是减少大小年差，消除大小年的有效修剪方法。

五、老年结果树修剪（30 年以上）

（一）生长结果特点

老年结果树树龄大，树势衰弱，开花多，坐果率低，营养生长弱，花果发育不良，果小，品质差。

（二）修剪原则

通过重剪回缩更新衰弱侧枝、结果枝组，促进柑橘树营养生长，稳定产量，保持种植效益。

（三）修剪方法

1. 留桩回缩

衰弱老树的各级大枝，要分年分批进行重剪（锯）回缩，留桩促发旺枝更新，这种回缩更新留桩处，不能留分枝，不然就促发不出旺枝（图 8 - 14）。

2. 领导枝换头

各主枝的领导枝都要重剪换强枝，维持领导枝的顶端优势，拉动营养生长，延缓衰老。

3. 回缩更新结果枝组

老年结果树回缩更新结果枝组要比成年结果树重，这样才能促发强枝，促进营养生长（图 8 - 15）。

六、几个柑橘品种高品质修剪技术要点

针对湖南柑橘种植，本书重点介绍几个主栽品种的修剪技术

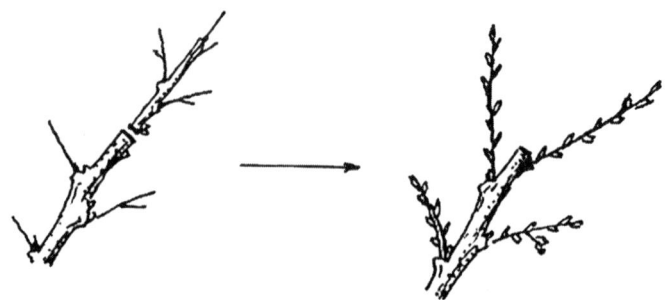

图 8-14 留桩回缩示意图

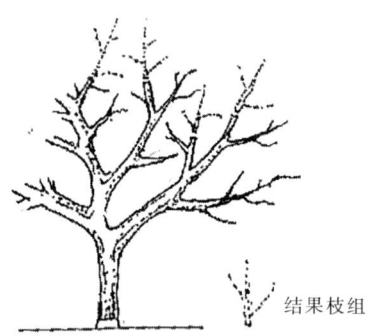

结果枝组

图 8-15 回缩更新结果枝组示意图

要点，此处所提的柑橘高品质是以鲜食为主的高品质，既好看又好吃。

（一）温州蜜柑

温州蜜柑是鲜食加工兼用型优良柑橘品种，是湖南的主要柑橘栽培品种，其品质优良。由于全球气候变暖，湖南永州地区栽培的温州蜜柑品质逐年下降，具体表现为果大皮厚、色泽变浅、风味变淡、果肉松散、易浮皮等。在生产中通过修剪调控，可以优化树冠结构，平衡生殖生长与营养生长，稳定树势，延长盛果期年限，提升鲜食品质，实现丰产稳产。

1. 利用中庸秋梢挂果

秋梢是温州蜜柑优良的结果母枝，通过前述的各种修剪方法，增加利用 0～30 cm 中庸秋梢作为结果枝，疏除 30 cm 以上的强秋梢，利用中庸枝条挂果有利于提高果实的品质和产量（图 8－16）。

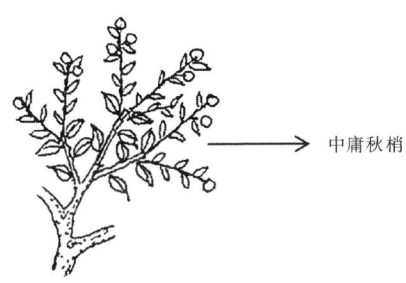

中庸秋梢

图 8－16 中庸秋梢挂果示意图

2. 利用无叶和 1～2 叶结果枝结果

在春梢花蕾露白后，及时抹除 3 叶及以上的结果枝和部分强壮春梢营养枝，利用无叶和 1～2 叶结果枝结果。此方法有两个优点：一是这些结果枝的春梢生长较少，梢果矛盾不突出，有利于果实的坐果和膨大；二是可以减少抹梢、控梢、保果的工作量。

3. 利用秋梢隔年结果

利用秋梢隔年结果技术，对提高温州蜜柑品质效果极其显著。笔者在原零陵地区柑桔示范场开展过调查，1991 年冰冻后，因冻害修剪培养了优良的秋梢结果母枝，有几个承包户第二年的亩产达到 5 000 kg 以上，而下一年亩产只有 1 000 kg 左右，这样自然形成的隔年结果延续了 5～6 年。湖北宜昌地区推广温州蜜柑隔年结果技术成效显著，一年的产量相当于常规管理两年的产量，提高了果实品质，果实大小均匀、果面光滑、商品果率达95%以上，生产成本明显降低，经济效益显著提高。

（二）纽荷尔脐橙

纽荷尔脐橙是我国目前栽培面积最大的脐橙品种，果形大，产量高，品质好。增大果形是种植纽荷尔脐橙的重心，纽荷尔脐橙的标准果形是直径 80～90 mm，果形在直径 90 mm 以上的为大果，尤其是长椭圆形果，果蒂处皮厚，果肉易枯水、粒化。修剪调控技术使纽荷尔脐橙果实更大，又能解决皮厚枯水问题，或降低枯水程度。

1. 利用春梢挂果

据笔者观察，纽荷尔脐橙利用春梢结果母枝挂的果，果形近圆形，不是太长，果形大，但不是极大泡果，这种春梢母枝结的果，出现枯水的情况较少。

2. 利用内膛中庸短枝挂果

内膛近干挂果是增大果形的有效方法，但近干生长的结果母枝太靠近主干或太强壮，结出来的果就有可能是粗皮大果。因此纽荷尔脐橙近干挂果应尽可能选择中庸侧枝作结果母枝，不选直立枝（图 8-17）。

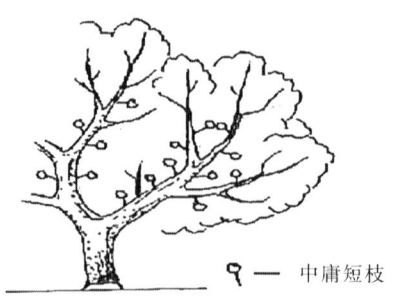

中庸短枝

图 8-17 中庸短枝挂果示意图

3. 疏除大泡果和小果

在 7 月放秋梢前，将已显现出的泡果，尤其长椭圆形大果，一律疏除，留近圆形果，将小果也一同疏除，以保证留下的果都能长成直径 80～90 mm 的大近圆形果。

（三）沃柑

沃柑是小果形杂柑品种，一般果实直径 60～70 mm。近年来随着市场变化，消费者更喜欢直径 70～80 mm 的大果。为实现沃柑的大果形和高品质，合理的修剪最为关键，以下是培养大果形沃柑的修剪技术要点。

1. 利用强枝挂果

沃柑幼年结果树中下部极易抽生徒长枝，中上部顶端优势也易引发强枝。生产中利用这些强枝作为基枝，培养结果母枝，结出的果实果形大、品质优（图 8－18）。

图 8－18　沃柑强枝挂果示意图

2. 选择 4～6 叶结果枝结果

沃柑可选择利用 4～6 叶结果枝进行挂果，花芽易形成，花多，坐果率高，同时抹除无叶花枝和 2 叶以下的结果枝。

3. 近干挂果

沃柑的优势栽培区在广西和云南，气温高，光照充足，秋梢是其主要的结果母枝，往往是树冠外围一层秋梢挂果，产量高，果实均匀，但不易培养成大果。若想结大果，必须做到以下两点：一是改造树形，按新树形改造，将圆头形改为开心分层形或中心主枝分层形，挂果部位由上、由外变至内膛，实现近干挂果；二是降低单产，这些地区的果园土壤肥沃，果农舍得投入，肥水充足，单产高，但影响了果形的增大，降低单产把营养集中，是增加单果重的有效方法。

（四）沙田柚

沙田柚的果形为葫芦形，且长短有差异，商品性高的沙田柚果为矮颈果。其他柚类品种果实都以大为好，而沙田柚是以大且重为优，果大不重为幼树果、泡果，果小而重的老树果是品质最佳的优质果。优质沙田柚的修剪技术要点如下。

1. 压顶控旺

柚树结果均是中下部内膛弱枝，为了使中下部内膛枝果能得到充分的营养，柚树进入结果期以后，重剪其顶部和外侧枝条，保留内膛弱枝，生长超过2年的树冠内膛枝条要尽量予以保留，对于顶部生长过旺的强枝，采取去强留弱方法修剪，控制顶部旺长，以提高树体透光性，降低树体落花落果率。

2. 控制夏秋梢

沙田柚进入成年结果期后，一年只准长一次春梢，若春季长势过旺，可疏除过多的春梢，平均每条基梢上保留2～3条春梢，一般保留中上部长势中庸的春梢，疏除长势太旺的春梢。严格把控夏梢和秋梢，减少梢果矛盾，减少落果。同时，控制肥水和改变施肥方法也是配合措施之一，不可忽视。

3. 利用内膛老弱枝挂果

利用内膛老弱枝挂果，是柚类的生物学特性，这点实行起来比其他柑橘品种容易。生产中我们要切记，沙田柚树冠内膛多年生老弱枝是优良的结果母枝，只有在结果后方能疏除（图8-19）。

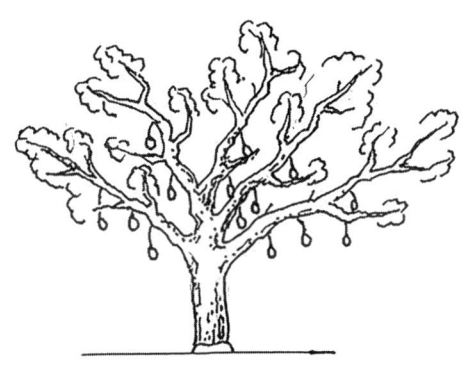

图8-19 沙田柚内膛老弱枝挂果示意图

4. 疏花疏果

沙田柚花形大，疏花容易，抓优质果生产可从疏花开始。

（1）疏花序

针对结果母枝上的花序，可先将多的、弱的花序疏除，每个结果母枝保留1~2个花序。

（2）疏花授粉

沙田柚在花蕾长至豌豆大小时开始，及时去除花序上的弱花、病花和畸形花等，留下的结果母枝上的花序实施"去头去尾"的工作，将花序先端和下部的花蕾疏除，每个花序保留2~3个强壮的花蕾。将花蕾与果的比例控制在5:1左右，然后对花进行授粉。

（3）疏果

从第一次生理落果后开始疏果，经 2～3 次疏果，重点疏除长势不良或已感染了病虫害的果实，到 6 月下旬定果，每个花序留 1～2 个果。一个花序留 2 个果的，果必须一样大。若果大小有差异，则疏除一个，留果形端正的。一般情况下，对于 15 年左右的结果树，每棵树保留果实的数量在 80～150 个；对于 20 年以上的结果树，果实的数量可保留在 150～200 个。

5. 老柚树果

这是柑橘类果树中的特殊现象，尤其是沙田柚表现最为明显。50 年以上的沙田柚老树结果，果形小、皮薄、颈短、个重（单位体积重）是沙田柚的最佳品质。生产中要维持沙田柚老树老而不衰、老而不旺的中庸树势，更新修剪略轻勿重，更新过旺，果实品质会下降。

（五）爱媛 28 号

爱媛 28 号，又称爱媛 38 号、爱媛橙、果冻橙、红美人等。爱媛 28 号口感香甜、果肉细嫩、汁多、化渣性极好，但果形较小，且大小不整齐。在同样的肥水管理条件下，利用修剪技术也能生产出商品价值高的大果。

1. 疏枝重剪，大枝挂果

随着爱媛 28 号在四川各地推广，果农摸索出一套生产高产优质大果的修剪技术，其中最重要的一条就是疏枝极重，大枝几乎剪成了光杆，他们还总结出一句顺口溜——"要果大要高产，一定要剪成光杆杆"。疏除一切小叶细弱枝、下垂枝，培养强枝组，形成近干挂果（图 8-20）。

2. 回缩延长枝

爱媛 28 号枝条开张披垂，侧枝延长枝出现掉头下垂的，均

图 8 - 20　爱媛 28 号近干挂果示意图

要回缩到粗的地方，使挂的果既不要吊也不要撑。

3. 疏除或改造利用直立徒长枝

由于爱媛 28 号枝条披垂，极易抽生徒长枝，一般要疏除，但若空间允许，改造利用也是生产大果的有效方法。

4. 留大叶强枝，去头挂果

爱媛 28 号枝叶的大小差异大，结果枝要选留大叶强壮枝挂果，直立强壮枝也能很好挂果。需注意的是：直立强壮枝并不是徒长枝，如果已徒长，需要改造后才能挂果。强枝要去头，剪去顶端无叶花枝，使挂果枝均为有叶花枝，有利于结大果（图 8 - 21）。

（六）金柑

金柑果形较小，最小的不到 10 g，大的也只有 20 g 左右，培养 30 g 以上的大果，以获得最大的经济效益是栽培者的目标。

图 8-21　强枝去头修剪示意图

1. 留枝重剪结果枝序

金柑的结果枝序修剪一定要在萌芽前和初春进行，太早会影响树体营养输送。通过留桩重短截，促发新梢生长，将结果枝序培养成为优良的结果母枝（图 8-22）。

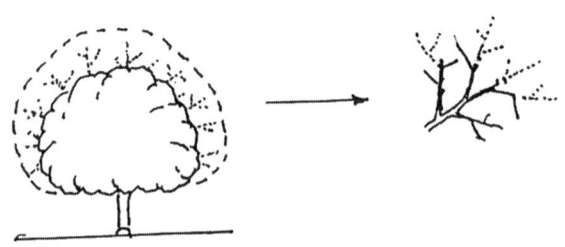

图 8-22　留桩重短截示意图

2. 疏枝梢

春梢自剪后要及时进行疏梢，去弱留强，去密留稀。金柑的春梢直立枝也能很好挂果，长势不是极强，均可保留。

3. 留一次果，控制二、三次结果

金柑一年可多次开花结果，若要结出大果，一定要留一次果，二、三次果生育期短，不能长成大果。

4. 保花保果

对一次果要采取各种保花保果措施，培养和保留健壮结果母枝进行挂果，控制挂果数量（产量），同时配合其他栽培措施，才能生产出经济效益高的优质果。

七、"三一"栽培修剪技术的改进与应用

(一)"三一"栽培修剪技术

"三一"栽培修剪技术是指柑橘成年结果树一年只施一次肥、长一次梢、修剪一次。一次肥为有机发酵水肥，采果后初冬 11 月施入。一次梢为春梢，修剪一次在冬季休眠期进行。"三一"栽培修剪是我国传统的柑橘栽培方法，尤其在 20 世纪 50 年代前，湖南各产区基本上都是采用这种形式栽培修剪。1963 年，笔者在道县水南村驻点，曾总结当地的"三一"丰产栽培经验。

1. 施一次肥

肥料为有机肥，主要是将人粪、猪牛粪、菜饼混合在池中发酵 3～6 个月，充分腐熟，施肥时兑水稀释到流得动、透得进土壤为准。11 月中下旬采果后，在树冠下以树干为中心筑环状土埂，直径为 2～3 m，将肥料施入土埂中。按产量施肥，株产 50 kg果施水肥 50～100 kg。施后自然下渗、晒干，一个月后结合冬季挖园翻入土中。

2. 发一次梢

水南村全村有柑橘 800 余亩，种植地全是河畔冲积土，土层深厚肥沃，根系发达，树冠高大。种植品种为普通甜橙（道县鸭蛋柑）、滑皮橘和滑皮柑，实生苗，树龄 50～60 年。这些树一年只长一次春梢，没有夏梢和秋梢。只有树势强的个别单株，在秋

季雨水多的年份才可以发出少量秋梢，不发夏梢。

3. 修剪一次

一般修剪均是在采果后越冬休眠期进行，修剪枯枝、病虫枝、交叉枝等。这种老式修剪是剪弱枝不剪强枝，剪小（枝）不剪大（枝），把结果部位上推外推，但柑橘树种得稀（株行距7～8 m），有足够的生长空间，结果表现很好。

其实在我国传统的柑橘果园栽培管理中，不管是幼树还是结果树，在没有使用化肥以前，都是一年只施一次有机肥，修剪一次，且都在冬季进行。枝梢生长任其自然，幼树抽3～4次梢，幼年结果树抽2～3次梢，成年结果树抽1～2次梢。

（二）"三一"栽培修剪技术的优点

1. 技术简单，操作容易，工效高

"三一"栽培修剪技术一年只施一次肥、发一次梢、修剪一次，技术明了，方法简单，操作容易，使复杂的果园管理变得容易掌握，提高了劳动效率。

2. 枝梢生长最少，结果好，肥效高

此技术一年只施一次有机肥，肥效期长，可以满足树体一年生长、结果对养分的需求。种植者通过修剪来调节生长与结果平衡，把有限的养分只用于结果和春梢的有效营养生长上，又用果实来压制夏梢和秋梢的发生，减少了营养生长支出，极大地提高肥料利用率，起到了以果控梢的作用。

3. 成本低，品质好，效益高

"三一"栽培修剪技术使得整个果园工作流程变简单，省工省力，大大节约了用工。在现代果园管理中，劳动力成本是最大生产成本开支。将多次的果园管理减少到一次，减少成本，极大提高了种植效益。这种只长一次春梢，减少了夏梢、秋梢的营养

生长量，把营养用于结果，果实有充足的营养，坐果率提高，果实膨大快，生长好。结出的果实不但果形大，内含物也高，品质好，卖价高，极大地提高了经济效益。

（三）"三一"栽培修剪技术的改进与应用

对"三一"栽培修剪技术加入现代科学元素进行改进创新，使修剪更能充分发挥出柑橘的生物学特性，充分利用阳光，以取得更好的修剪效果。

1. 施肥技术的改进

将冬季一次施水腐有机肥改为冬季开沟或打洞干施饼肥。在树两边轮换开沟（沟宽 30 cm，深 40 cm，长依行而定）施菜饼或花生饼 2.5～5 kg 或在树滴水线内打洞（直径 30 cm，深 40 cm）4～6 个，与土搅拌均匀施入洞中。在柑橘树生长季结合灌水加入适量的水溶性有机肥，既能维持树势，又不造成枝梢旺长。这种干施加一体化水施的方法，便于大规模果园采用，施肥省工省力，成本低，效率高。

2. 修剪技术的改进

（1）修剪理念的改进

老的修剪理念是剪下不剪上，剪内不剪外，剪弱不剪强。而新的修剪理念恰恰相反，是剪上不剪下，剪外不剪内，剪强不剪弱。老的修剪方法，促使结果部位上移外移，形成外满内空的平面结果。而新修剪技术促使树形分层开档、通风透光、近干挂果，生长结果平衡、丰产稳产、品质优良。

（2）修剪形式的改进

新的修剪形式以冬季修剪为主。规范化果园在冬季请专业修剪队修剪，他们技术熟练、修剪速度快、工效高、成本低。在果树生长季由果园承包人进行维护修剪，主要是抹除潜伏芽、密生枝、直立枝、徒长枝等，减少无效生长。这种专业化冬剪、生长季少剪两相结合的灵活修剪形式是修剪技术更加完善的体现。

（3）平衡生长，以果换梢

老的修剪方法是通过减少和控制施肥量来平衡树势、保持中庸，不抽发夏梢和秋梢。新修剪技术是通过修剪调控营养生长和生殖生长的关系，以产量为目标，根据不同品种、树龄和树势，制订科学施肥方案，确定肥料和数量，以保持中庸树势，达到以果控梢、以梢控梢、维持生长结果平衡、减少修剪量、省力省肥栽培的目的。

八、结果树修剪口诀

（一）修剪方法

1. 技术口诀

剪上不剪下，营养往下压；剪外不剪内，养分不浪费；剪强不剪弱，控旺果子多；剪吊不剪翘，树往中庸靠。

2. 口诀解释

（1）剪上不剪下，营养往下压

成年结果树树冠，除必须剪除的枯枝、病虫枝外，一般绿叶层应剪除树冠中上部的遮光枝条，中下部的尽量少剪，以保持上部能通风透光，下部不枯枝、不空膛，以增加内膛近干结果能力。

（2）剪外不剪内，养分不浪费

一般情况下，绿叶层修剪大多剪除树冠外围的枝条，内膛只剪除枯枝、病虫枝和严重衰弱枝，正常绿叶枝尽量不剪，以保持内膛有最大的叶面积。

（3）剪强不剪弱，控旺果子多

在疏剪树冠中上部外围枝序时，通常大家认为应剪除中庸弱枝，留强壮枝，其实这是错误的。应将强壮枝剪除，保留中庸枝，除强扶弱，以控制过旺的营养生长，把养分集中到中庸枝结果上来，以提高产量。在疏除强枝时，要特别注意及时疏除主侧枝上由潜伏芽萌发的朝天"骑马枝"。

（4）剪吊不剪翘，树往中庸靠

对树冠结果枝、结果母枝和结果枝组的更新，要剪除衰弱下垂（吊）枝，保留有生长势、能向上生长、能翘得起来的结果枝组上的各种枝梢。

（二）修剪后树冠形状

1. 技术口诀

上空下不空，树体少病虫；外空内不空，结果很轻松；小空大不空，果多不用撑；大枝稀小枝密，挂果不费力；树枝有领导，树体难衰老。

2. 口诀解释

（1）上空下不空，树体少病虫

修剪后的树冠外形应是上部有空缺口，能通风透光，增加内膛光照，使内膛能正常近干挂果，而中下部内膛又不出现大的空缺口。同时树体应呈现天窗的形状，减少病虫害的发生，防止内膛枝枯死光秃，促进内膛枝的抽生和上下立体结果。

（2）外空内不空，结果很轻松

树冠的侧面要做到外空内不空。修剪后的树冠应做到外部有空缺口，能通风透光，内膛不产生大的空缺口，防止内膛主枝光秃，有结果枝组实现近干挂果，达到内外立体结果的目的。

179

（3）小空大不空，果多不用撑

修剪后树冠出现的所有空缺口应都是小缺口，不要出现大的缺口。如果产生了大的缺口，会造成树体有效空间的浪费，减少果实产量。若树冠产生了大的缺口，可利用潜伏芽和徒长枝改造补缺。

（4）大枝稀小枝密，挂果不费力

大枝即主枝、副主枝，三主枝树形由3个主枝和6个副主枝组成，若主枝过多，各主枝占有空间小，副主枝生长不良，主枝相互争夺空间延伸生长，造成内膛阳光不足，侧枝枯死，进而空膛。所以大枝（主枝）不能留得过多，要少而稀，副主枝才有足够的生长空间。而小枝（结果枝、结果母枝）要多，在主枝、副主枝和侧枝的各个部位都要有分布，所谓多而密，并不是密集不通风，而是与主侧枝相对而言，要多而不密。这样才能保证树体有充足的结果位置，才能保证高产，提高经济效益。

（5）树枝有领导，树体难衰老

对成年结果树修剪需蓄留中心主干领导枝，各个主枝有不同等级的领导枝，各枝组之间主次分明，领导枝不挂果，利用其顶端优势拉动养分供给中下部位枝组生长结果，就能维持树势，延缓衰老。

九、结果树修剪注意事项

成年结果树的经济结果年龄少则10～20年，多则30～40年，如何通过修剪来调控不同时期的生长与结果，枝叶与根系的平衡关系，是修剪工作要综合考虑的。

（一）控制修剪量，维持平衡关系

影响结果树修剪量的因素太多，每一棵树都不相同，在此不进行具体分析。一刀切，就会破坏树体生长与结果的平衡关系，达不到修剪应有的效果。一般结果树冬季休眠期修剪量约为20％，也就是每年修剪下的枝叶占全树枝叶总量的百分比。超过这个量会影响树体平衡，超过量越大，对平衡影响越严重。我们要最大限度减少修剪量，达到最佳的修剪效果。

（二）加强生长季修剪，减少无效生长

老的修剪方法是在生长季不修剪，到了冬季才大剪大锯，使果树在生长季节产生大量无效生长。新修剪方法要求把不需要的枝梢在生长季节修剪疏除，或短截促发分枝，以节约养分，减少无效生长，集中营养用于有效生长和结果。

（三）强化技能人员培训，打造专业修剪队伍

柑橘整形修剪是柑橘栽培中技术性最强的管理工作。没有一定专业知识和较多实际操作经验的生产者，要想修剪好一棵树是比较难的。尤其一些专业修剪队，专业水平、经验参差不齐，因此，开展修剪专业知识培训和操作实践，提高修剪人员的修剪水平，打造专业人才团队是非常有必要的。

（四）分期修剪，逐步完善

柑橘修剪应按照不同树龄分步进行，尤其是原修剪工作做得不到位的果园，修剪不可能剪一次保几年，要逐年分期修剪。笔者曾在零陵区大塘庙村看到，有个果园的管理者学了"一干三枝"整形技术，回来后将三年生沃柑，留了 3 个主枝拉开后，就没有管理了。等下次再去看时，每个拉开的主枝中下部都发了2～3 个 1.2～1.5 m 高的徒长枝，这样拉开不管，还不如不拉的好。原来只有 4～5 个主枝，现在变成了 10 个主枝，竞争生长，齐头并进。因此，柑橘修剪要一步跟一步，分期逐步完成，才能显示修剪的作用，不然不但无用，还会起反作用。

第九章　柑橘老树形改造

　　柑橘老树形存在多种弊病，如不进行树形改造，会严重影响我国柑橘生产的发展。湖南省农业农村厅 2024 年 1 月发布的《关于推进水果产业高质量发展的十条措施》（湘农发〔2024〕4号）文件中提出加快品改低改，运用"三改三减"（改品种、改树形、改土壤，减密度、减化肥、减农药）模式对集中连片老旧果园进行提质改造。其中就有三条与柑橘整形修剪相关，改树形是直接的，改密度、改品种都会影响树形改造。湖南省现有柑橘面积 42.5 万 hm^2，其中 2010 年以前的柑橘建园面积就有40 万 hm^2，2010 年以前建园种植的树都是采用老方法整形修剪的，虽也应用一些新技术方法，但还不完全符合新树形要求，所以都要进行老树形改造（彩图 9-1），可见柑橘老树形改造任务重大。

一、统一认识，积极推进柑橘老树形改造

　　柑橘老树形改造是柑橘栽培技术的一次革命，很多柑橘种植者都认为老树形确实存在各种弊病，不改不行。但也有人认为老树形有它的优点，尤其在一些柑橘老产区，他们表示："我的树形不好，那么高的产量不是老树形结出来的吗？"可见思想僵化

是树形改造的最大难点，只有统一认识，解放思想，才能顺利推动老树形改造。

（一）市场竞争激烈

在计划经济年代，我国柑橘是国家统购统销物资，计划收购，分配购买。改革开放后，随着种植面积扩大，产量增加，柑橘产业发展迅速。从 20 世纪末开始，我国柑橘就出现了结构性过剩。进入 21 世纪后，这种过剩形势更加明显，柑橘的精品优品严重不足，一些品质不高的品种和品质欠佳的产品失去了销售市场，致使不少果园的果子没人要，卖不掉。未来的市场销售形势依然严峻，不是优质产品，就没有销售市场，提高柑橘产品质量是市场竞争的需要。

（二）提升品质，降低生产成本

柑橘是全球第一大生产水果，是人们最大的消费果品。随着人们生活水平的提高，人们对柑橘果品的品质和安全性要求更高，只有提高品质，降低生产成本，才能在激烈的市场竞争中取胜。改造树形，使果树充分利用阳光，提高叶光合效率，减少物化投入，是快速有效提升果实品质、降低生产成本的技术方法。

（三）提高果园机械化水平

柑橘老树形种植密度大，果园管理均是人工进行，没有机械作业。现在虽然有了各种机械，可老果园进不来，也使用不了。果园机械化是解决劳动力短缺的唯一出路，也是降低生产成本的有效方法，树形改造能让各种果园机械进得来，用得了，使果园管理工作按时进行，这也是推动老树形改造的重要原因。

面对柑橘老树形存在的各种弊病，要统一认识，凝聚合力，推动老树形改造走实走深。树形改造好了，既能生产出优质果品，提高市场竞争力，又能降低生产成本，推进柑橘产业可持续发展。

二、柑橘老树形的现状

（一）柑橘老树形存在的弊病

1. 骨干枝多，生长杂乱

柑橘老树形主要是自然圆头形和自然开心形。但不管是哪种树形，由于整形修剪不到位，都存在主枝偏多（一般4～5个，多的7～8个）的问题（图9-1）。而且主枝密枝轮生，重叠生长，没有主次，从属不明，造成树体养分运输困难、分配不均，严重影响树体生长和结果。

图9-1　主枝多而乱示意图

2. 树冠倒置，平面结果

由于主枝多，竞争生长，相互争夺生长空间，造成果树树冠上大下小，外满内空，遮光严重，树体内膛光照不足，小枝枯死，大枝变成了光杆杆（图9-2），且无内膛枝，不能形成内外结果，看似树冠高大，但平面结果没有多少产量。

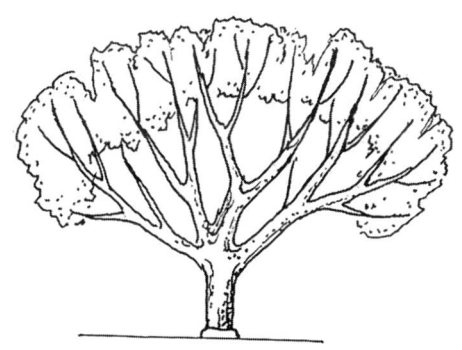

图 9 - 2　树冠倒置示意图

3. 管理困难，成本高

由于种植密度大，树株行距配置不合理，造成树冠密闭，内膛杂乱，给生产管理带来极大困难。行间不能通行，施肥不便，打药困难，管理成本高。

4. 产量低，品质差

种植密度增加，投产快，使得早期柑橘的产量高，这是不可否认的。但柑橘是长寿果树，这点早期产量和几十年的成年盛产期产量相比也只是个小数。加之封行后由于密度大、树冠荫蔽，老弱枝多、病虫害严重。内膛空虚，结果部位外移，导致结果少，产量低，果实品质差。

（二）形成的原因

1. 种植密度大，株行距设置不合理

近年来，有的产区为了追求早期高产，加大种植密度，尤其在柑橘价格高的时期，密植成为提高种植效益的快捷方法。这些产区采用 1.5 m×2 m 或 2 m×3 m 的株行距种植，由于密度大，树体枝梢横向生长受到限制，互相竞争向上生长，争阳光，造成

中下部枝条枯死、空膛，失去结果能力，产量下降。

2. 整形修剪技术缺失，树形乱，管理困难

（1）老树形修剪现状

我国柑橘自 20 世纪 70 年代以来，都采用了嫁接方法繁殖苗木，嫁接苗树形大多采用自然圆头形和开心形。由于生产者对树形的理解不透彻，在整形修剪上，以追求树形为主，力求外形圆满，没有修剪出足够的层次，致使光照不足，造成树枝空膛，产量降低，品质差。

（2）修剪方法不当

修剪方法不当表现在整形修剪的全过程。

在幼树整形修剪时，首先，预留主枝过多，一般预留 4～5 个，最多的预留 7～8 个，主枝过多只能轮生，无法错位生长，造成枝条从属不明、主次不分；其次，竞争生长严重，主枝延长枝的生长优势受到其他侧枝竞争生长的影响，造成群头无主的现象，严重影响树冠的扩大生长进度；最后，早期上部挂果时，幼树整形老方法是在树冠顶部外层挂果，都是末级强壮秋梢，没有留出一定数量不结果的延长枝，严重影响树冠成形。

在结果树修剪时，首先，树冠上部密闭，这是老树形普遍存在的弊病，也是树梢竞争生长造成的，由于树冠密闭，内膛光照不足，病虫害滋生严重；其次，修剪方法错误，老修剪方法认为只需把没用的枝条，如病虫枝、枯枝、细弱枝剪除，舍不得剪除顶部强枝，打开光道，这样修剪越剪越枯；最后，促使结果部位上移外移，老树形均以树冠上部外围结果为主，这是老修剪方法造成的结果部位上移外移，养分运输距离远，利用率低，容易形成大小年结果现象。

3. 土肥水管理不善

很多果园重种轻管，或只种不管，任果树自然生长，未按标

准要求做好果园的土肥水管理、果树的整形修剪及病虫害防治，导致果树未老先衰。一些果园立地条件差，土壤贫瘠，建园时没有进行土壤改良，加之日常管理水肥不足，果树生长不良，这样形成的老弱树不是修剪技术问题，而是营养严重缺乏所致。也有极少数果园是营养过剩的，尤其是氮肥施用过量，造成幼树枝梢徒长，适龄不结果或结果不良。

4. 果园基础设施差

柑橘园大部分建在山地或坡地，立地条件差，土壤板、酸、瘦。建园初期未规划机耕道、灌溉系统等基础设施，导致机械不能进入果园作业，灌溉、施肥、果实采收运输等生产管理均只能采用人工方式，后期管理困难，管理成本高。

三、老树形改造的技术措施与方法

（一）调整种植密度

对于密植园，改造树形首先要调整种植密度，解决行间、株间的整体荫蔽问题，不然树形无法改造。因为现在标准的"三主枝"树形冠幅是 300 cm，所以株距必须要大于 300 cm。调整种植密度有两种方法。

1. 一次性间伐

果园间伐后株距能达到 300 cm 的，最好一次性间伐。一次性间伐主要是在冬季休眠期进行，沃柑等晚熟品种在采果后的3—4月进行，这样方便树形改造，新树冠成形快、生长好，管理也方便（图 9 - 3）。间伐的树枝最好粉碎后用于果园改土覆盖，保持土壤湿度，抑制杂草生长，并改善土壤质地；若没有树枝粉碎设备，要拉出园外烧毁或他用，不能留在果园内。

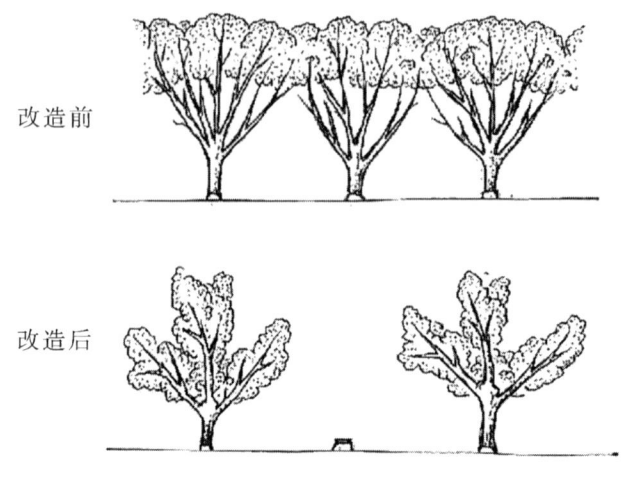

改造前

改造后

图 9 - 3　一次性间伐示意图

2. 分次间伐

有的果园一次性砍伐会导致果树株距太宽，新树冠 1～2 年无法成形，影响土地和空间利用。对于这种情形可以采取分次修剪，逐渐缩小树体，到最后间伐（图 9 - 4）。这样可以弥补树形改造期的部分损失，但在管理上较为烦琐。

3. 密度调整方法

（1）株距可以达到 300 cm

凡是种植株距可以达到 300 cm 的果园，可暂不调整密度，先进行树形改造，视改造后新树冠生长扩大情况，再确定是否间伐。

（2）2 m×3 m 株行距改造

目前老橘园采用最多的株行距是 2 m×3 m，可通过隔株间伐，一次性砍除。但有些果园 2 m 间伐后树行变了方向，不利

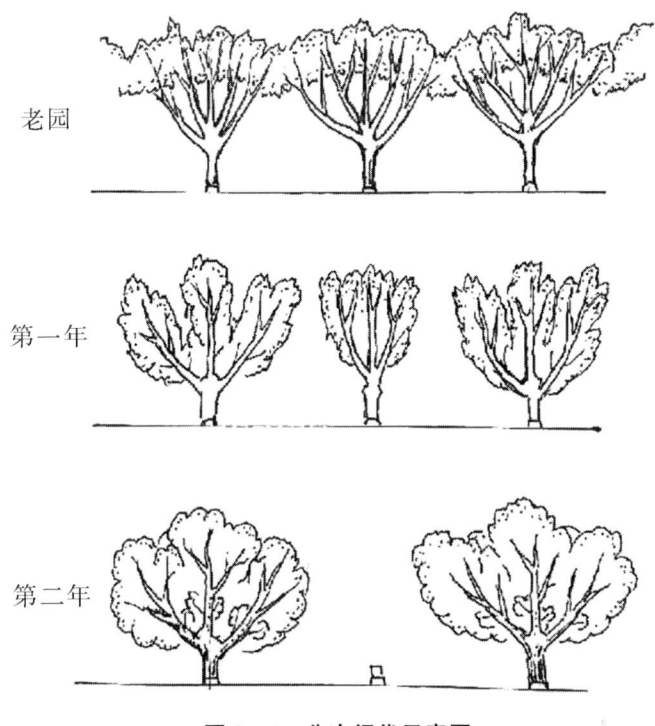

老园

第一年

第二年

图 9-4 分次间伐示意图

于通行，可在 2 m 间伐后，再隔几行间伐一行 3 m 的为道路（图 9-5）。

（3）超密植果园

这种果园面积不大，株行距为 1 m×2 m、1.5 m×2 m、2 m×2 m、1.5 m×3 m 等。因为各个果园的土地情况不一样，所以不可能按数学计算方法间伐，要灵活掌握利用。首先是保证株距为 3 m，行距必须大于 3 m，按照这个标准对超密植果园进行间伐和树形改造。

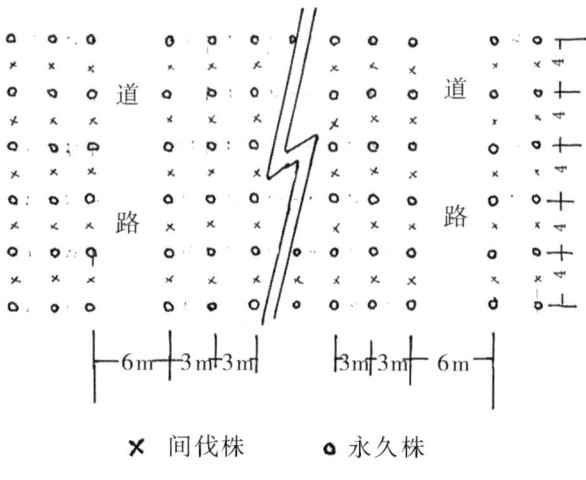

×　间伐株　　　永久株

图 9 - 5　2 m×3 m 株行距改造示意图

（4）高接换种园

要改换品种的果园，可按树形改造要求，先确定永久株，再进行高接换种，并按"三主枝"树形要求培养树冠，等换接品种的树冠成形后，再逐次或一次疏除间伐调整植株。

（5）柚类树形改造

柚类在各产区都种得比较稀，株行距为 4 m×6 m 和 5 m×7 m，树冠生长高大，树形改造要因树制宜，灵活进行。如果骨干枝结构好，就只疏除顶部部分强枝，开天窗引光即可；若树冠过于高大，要压低树冠，逐年分批进行，不要急于求成，一刀切，避免改造没成功，出现改死树的现象。

（二）树形改造方法

以引光为中心，开裆分层，引进阳光，促使潜伏芽萌发，形成新的结果枝组，这是解决个体树冠内荫蔽问题的方法。

1. 第一年冬春季节（12月至翌年3月）

老树形改造最好是在初春萌芽前进行，这样树体恢复快，影响小，有冻害地区必须在这时改造。无零下低温产区，采果后（12月）即可进行，但不宜过早，早了会抽发冬梢，消耗树体营养。

（1）调整骨干枝

①灵活疏除中心主枝：一般情况下，老树形改造不要保留中心主干枝，因为蓄留中心主干枝就会严重抑制其他主枝中下部潜伏芽的萌发，影响改造树冠的成形。若采用三主枝塔形改造，3个主枝生长好，中心主干枝无压制作用，就可保留（图9-6）。

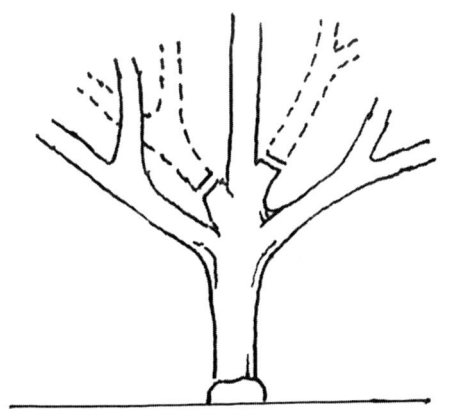

图9-6　保留中心主枝示意图

②疏除多余主枝：疏除中心主干枝后，选留3个方位分布均匀的主枝，疏除位置不当、生长不良、分生角度过大或过小的主枝（图9-7）。若主枝过多，则分两年疏除，一次疏得过多，会对树体生长造成影响。

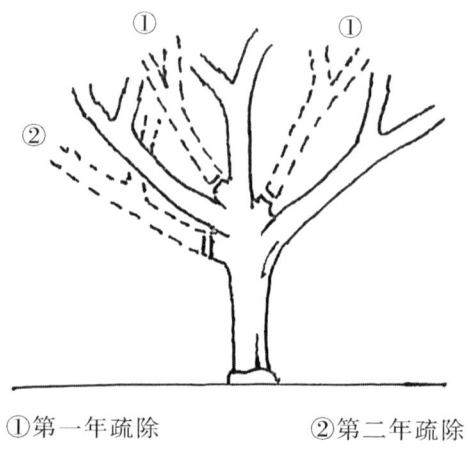

①第一年疏除　　　　　②第二年疏除

图 9-7　疏除多余主枝示意图

（2）疏除竞争侧枝

各主枝的侧枝尽可能靠下选留，主枝上部的新侧枝易出现旺长，与主枝领导枝（延长枝）形成竞争生长，破坏树体结构，致使结果部位外移，影响内膛生长或造成枯死。一定要记住这个准则：疏除主枝顶部侧枝，要去强留弱、去直留斜；疏除主枝、副主枝、大侧枝，一般剪口要剪平不留桩，但要留一弱枝换头（图9-8），同时要做好剪口保护，防止感染。

（3）回缩更新结果枝组

各类衰弱结果枝组一律回缩，留桩更新（图9-9）。如果是在树冠上部，一般少留桩或不留桩，中下部尽量留桩。因为留桩可促发小枝，下部多留可多发短枝，形成中下部内膛结果小枝，实现近干挂果。上部留桩短枝发多了，会造成上部枝梢旺长，影响光照。

（4）伤干拉枝

个别大树留下来的主枝分枝角度太小，不利于新树形树冠的

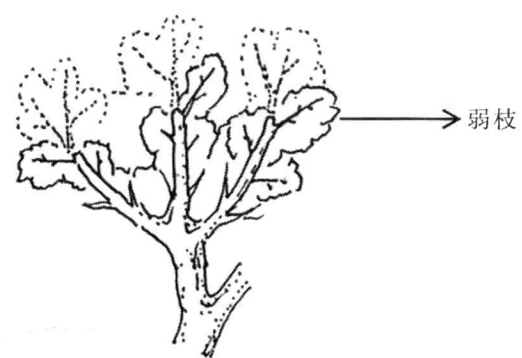

图 9 - 8 留弱枝换头示意图

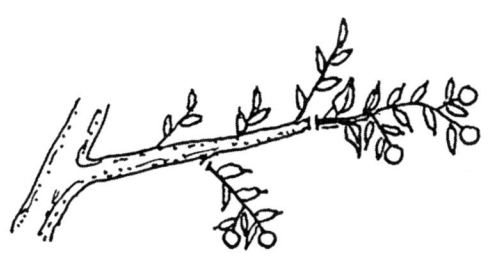

图 9 - 9 回缩结果枝组示意图

形成，可利用伤干拉枝的方法，增大分枝角度（图 9 - 10）。

（5）刻芽

老树形主枝中下部光杆无小枝，可通过刻芽促使主枝中下部隐芽萌发，形成结果短枝（图 9 - 11），这是树形改造成功的关键。若要大枝中下部隐芽萌发多，关键就要开天窗引光，阳光进得来，加上刻芽留桩等辅助措施，隐芽才会正常萌发。可有时有的隐芽萌发太多，而有的又太少，若处理不当，萌发过多过少都会影响树形改造效果，所以就出现了"强光进膛，一年白忙"的

193

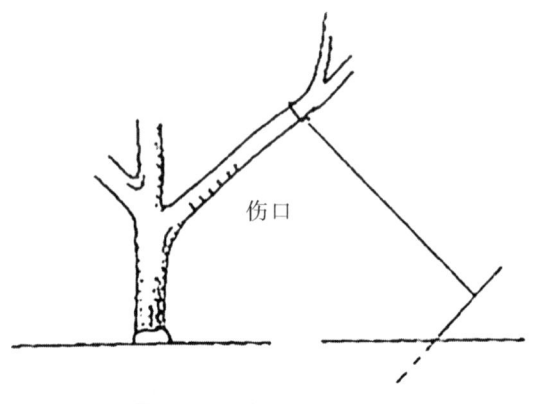

图 9－10　伤干拉枝示意图

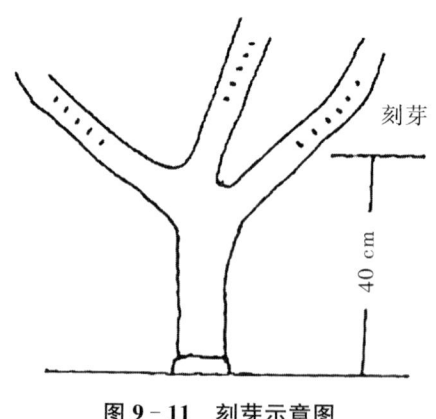

图 9－11　刻芽示意图

说法。树形改造使阳光进膛，大枝中下部隐芽萌发，若忽视生长季管理，的确就会造成一年白忙，不但没有效果，还会产生恶果。因此树形改造后，生长季管理也是成败的关键。

2. 第一年生长季（3—10 月）

促使中下部隐芽萌发，形成新的绿叶体、结果枝组和结果短枝。

（1）保护树干

树形改造使天窗开大了，夏季强光进膛很容易造成树干主枝灼伤，严重的会树皮爆裂。这种日灼，以树干正上面和西面发生较严重，所以在萌芽前刷白树干，夏季在西边挂草帘、遮光布都有较好的效果。若树干萌芽多，到夏季枝梢、叶片能遮住树干的，可不盖不遮，不会产生日灼。

（2）疏芽（梢）

萌芽后，一般不要过早抹芽疏芽，在顶芽自剪后，视萌芽多少、稀密才能进行疏芽。先疏位置不当的、下部的、过密的，按照密度为 5～10 cm，每边各留一个芽。一般情况下发不了这么多芽，不必疏。若有芽，要先留，待成梢后视生长密度再适当疏梢，合理留梢。这么处理的原因如下。

一是多留芽为后备。老树干萌芽不容易，萌芽也因各种原因遭受危害或枯死，多留后备芽就很有必要。

二是恢复树体平衡。由于树形改造，树体的上（树冠枝叶）下（根系）平衡关系被打破，上部疏剪的枝叶因新萌芽的枝梢生长补充，快速形成新的平衡关系，促进生长结果。

三是以梢养根。树形改造上部枝叶疏除太多，会引起根系饥饿而死亡，萌芽后新梢要适当多留，可快速形成枝叶体，以减少或防止根系死亡。

四是以梢压梢。改造树春梢多，生长整齐，可减少夏梢的生长。生产中常见到这样的情况，春梢整齐生长好，夏梢生长就少；春梢生长不整齐，夏梢抽生多且不整齐，病虫害多发，尤其是柑橘溃疡病。

五是以梢培梢。改造树主枝萌芽要第二年才能挂果，培养秋梢结果母枝很重要，但秋梢发生必须要有基枝，春梢就是很好的秋梢基枝。只要有足够的春梢基枝，采取二次放梢才能培养出健壮的秋梢结果母枝，实现第二年挂果投产（图9‑12）。

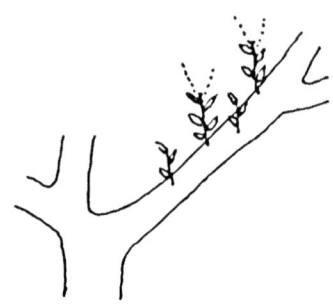

图9‑12　以梢培梢示意图

（3）摘心

改造树一般抽生的春梢都不要摘心，因为摘心会过早过多地引发夏梢，夏梢生长多，会影响秋梢结果母枝培养。因此，只对生长过旺的春梢才会摘心。

（4）培养秋梢结果母枝

改造树秋梢是第二年优质的结果母枝，一定要培养好。方法为戴帽修剪和短截春梢。

戴帽修剪。对已抽生夏梢（春梢）的二次梢进行戴帽修剪，这样可在戴帽处促发多个秋梢，留2～3个培养成秋梢结果母枝（图9‑13）。

短截春梢。对未抽发夏梢的强壮春梢，在壮芽处短截促发秋梢，留1～2个培养成秋梢结果母枝（图9‑14）。

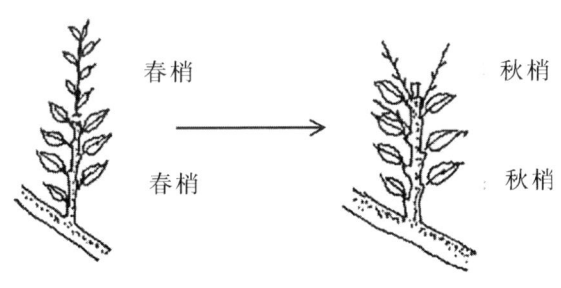

图 9-13　戴帽修剪示意图

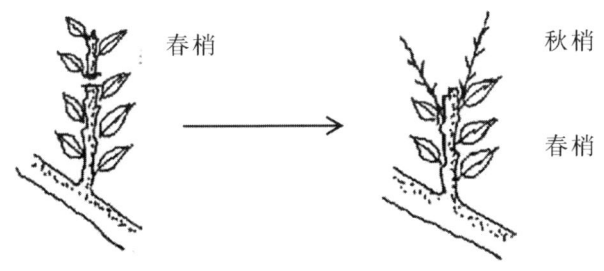

图 9-14　短截春梢示意图

（5）选留春梢结果母枝

未发夏梢、秋梢的春季一次梢，都是中庸春梢，疏除密生细弱的，留下中庸的让其结果。中庸春梢是中庸树和肥水稍差树的主要结果母枝，有时还可利用中庸春梢实现近干球状结果。

（6）控制晚秋梢、冬梢

由于气温低、光照不足，晚秋梢和冬梢不能生长成为有用枝梢，应尽量控制其抽生。若抽生要及时抹除，或留一梢两叶打顶，以防止晚秋梢上再发冬梢。

3. 第二年冬春季节（12月至翌年2月）

（1）继续疏除多余主枝

对上年一次未疏完的副主枝进行全部疏除，按照三主枝树形要求，尽可能只保留3个主枝，副主枝视空间情况选留，每个主枝上配留2～3个副主枝最好，不要多留。

（2）降低树冠

第一年改造保留的永久性主枝，树冠超高的也不能回缩短锯，只能在中下部长出了新的枝梢后，再采用主枝换头降高的方法，第二年再降低树冠（图9-15）。

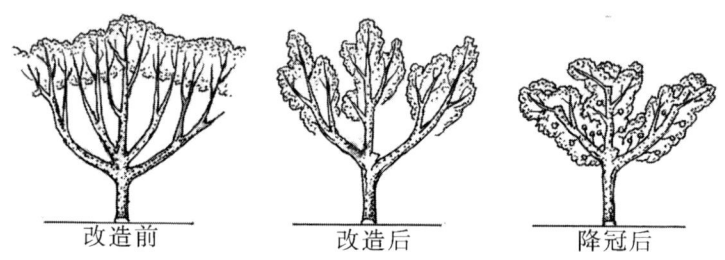

改造前　　　　改造后　　　　降冠后

图 9-15　降低树冠示意图

（3）回缩竞争侧枝

回缩上部过密交叉侧枝，保持阳光通透。

（4）培养领导枝

树形改造后的各主枝始终要蓄留领导枝，将其培养成可真正起领导作用的领导枝，促进养分供给中下部枝组生长结果。

（5）疏除密生梢

肥水管理较好的果园，改造树第一年的春梢短枝和健壮秋梢都会开花结果，有的还会结球状果，所以要疏除部分密生梢，按照10～20 cm间距就留1个梢，以叶不搭叶为准（图9-16）。

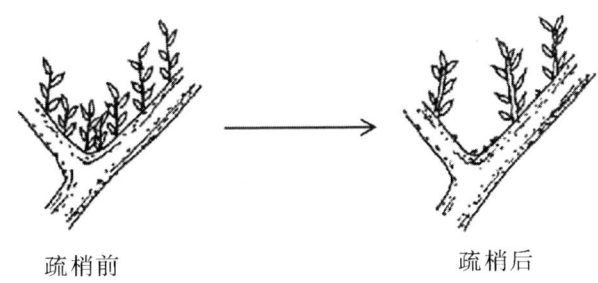

疏梢前　　　　　　　　　　疏梢后

图 9 - 16　疏除密生梢示意图

（6）留桩修剪培养春梢营养枝

对于树形改造，留桩修剪培养春梢营养枝很重要，要选择部分下部粗壮小枝留桩修剪（1～2 cm）；或选择"春梢＋夏梢""春梢＋秋梢""夏梢＋秋梢"等二次梢，通过戴帽修剪促发春梢营养枝，培养成下一年的结果母枝。若树形改造后第二年结果太多，不留营养预备枝，改造后第三年就没有产量；第二年结果过多，树体易衰弱，这是树形改造需要注意的问题。

4．第二年生长季（3—10 月）

（1）疏芽、疏梢

疏除位置不当和密生芽，按照 10～20 cm 间距留梢，以互不拥挤为准。

（2）摘心

树形改造后抽生的新梢一般不摘心，只对生长过旺的新梢才会摘心处理。

（3）培养秋梢结果母枝

改造树快速实现早产丰产，一定要培养优质秋梢结果母枝。培养结果母枝有以下四种方法。

一是二次放梢。将新梢短截和戴帽修剪以促放秋梢，培养优质结果母枝。

二是短截春梢。在未抽发夏梢的强壮春梢壮芽处短截促发秋梢，留1～2个培养成秋梢结果母枝。

三是改造利用徒长枝。若空间允许可对主枝、副主枝上抽生的徒长枝进行改造利用，通过扭枝下垂，将徒长枝培养成结果枝组。

四是以果换梢。在7月放梢前半个月，摘除或剪除直立枝上生长的顶果、大泡果，促发秋梢，将其培养成结果母枝。

5. 第三年

通过两年的培养，改造树树冠基本成形，生长势基本恢复，在第三年可转入正常树进行生产管理。

（三）老年大树改造

老年大树是指老产区树龄在30年以上的老树。这种老橘园种植密度适宜，品种好，管理也好，虽然果树树龄大，但还有结果能力。这样的果树砍掉可惜，但若不改造树形，会导致产量低，果实品质差。树形改造使光照条件改善，果树产量提高，果实品质提升，为果园增加经济效益，是老年大树改造必要的选择。

1. 老年大树存在的问题

（1）树干高，分枝高

老的修剪方法促使老年大树树冠向上向外离心生长，结果部位上移外移严重，根枝养分运输距离较远，通道不畅，养分消耗多，利用率低。

（2）树冠高大，外满内空

这是老年大树普遍存在的问题。外看好像还不错，有比较好的枝叶，但光照不足，树冠内膛光秃，枝梢枯死，造成空膛。

（3）结果外移，平面结果

老年大树结果部位外移，内膛空虚，只有树冠上部结一层果，产量低，采果难。

2. 改造方法

（1）开天窗引阳光，促树干下部潜伏芽萌发

这是老年大树改造的基本方法。没有阳光，老年大树中下部就不发枝梢，树形就无从改造。但老年大树的组织老化，树干萌芽困难，首先要疏除顶部强枝，控制顶端优势，引进阳光，通过刻芽等措施促使下部潜伏芽萌发（图 9 - 17）。

（2）回缩树冠

一般老年大树树冠上移，因此不能利用原有主枝来构成新的树冠。对于绿叶层位置高的主枝，先压顶控制其往上生长，压顶处要留一小分枝，不能留桩回缩。若留桩回缩，新梢会更旺长。

（3）利用徒长枝形成新树冠

老龄大树树冠下压后，新的树冠要利用徒长枝才能快速成形，这是与一般利用原有主枝改造树形的不同之处（图 9 - 17）。

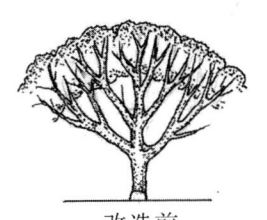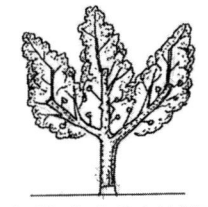

改造前　　　　　改造后　　　　徒长枝形成的新树冠

图 9 - 17　利用潜伏芽、徒长枝形成新树冠示意图

（4）疏芽疏梢，促进生长

老年大树改造，下部萌芽要留强梢，及时疏除密生弱梢，促进强梢生长。最好是促进徒长枝的生长，以快速形成新的树冠。

（四）小老树树形改造

"小老树"又叫"少老树"，其因地下部分生长受阻，根系不发达、须根少，吸收能力弱，所以地上部分生长不良，枝梢纤细短小，叶小而黄，树冠空膛，绿叶层稀薄，病虫为害重，适龄不结果，或结果很少，树龄虽小，却未老先衰。小老树主要是由于园地土质差、定植质量不高和种后土肥水管理不善造成的。针对小老树树形改造，首先要加强土壤改良和肥水管理，促进树体健康生长，才有树形改造的价值。

1. 改造案例

1983 年，全国农业技术推广总站、原湖南省经济作物局和原祁阳县农业局联合在原祁阳县马鞍岭乡开展温州蜜柑"小老树"示范试验，改造的第一条措施是深耕改土，改善植株生长环境。深耕改土是改造柑橘"小老树"的基本方法，能改变湘南地区红壤的不良理化性状，给柑橘生长创造一个疏松、通气、湿润的土壤环境。深耕改土方法有两种：一是在梯地较宽或平坦的橘园采用深沟撩壕改土；二是在梯面窄或树冠小的橘园采用扩穴深耕改土，同时必须结合分层压肥。

"小老树"示范试验改造效果显著，马鞍岭乡 2 000 亩"小老树"低产园，改造后第一年增产 72.9％；第二年总产量为改造前的 4 倍多；第三年虽遭受高温干旱影响，温州蜜柑落花落果严重，但仍增产 90.12％。小老树果园改造后产量大幅度增加，经济效益显著提升，值得大力推广。

2. 改造方法

（1）撩壕改土，增施有机肥

小老树严重营养不良，树势衰弱，因此撩壕改土，增施有机肥，培养发达根群，增强根系吸肥力是树形改造首要的措施。以树冠流水线为中心，开挖壕沟，沟长 $100\sim150$ cm，宽 $50\sim60$ cm，深 $40\sim50$ cm。每条沟施有机质肥 25 kg，菜饼 $2.5\sim5$ kg，钙镁磷肥 1 kg。每年开 2 条沟，对边开，2 年改完。这样可引根向下生长，培养强大的吸收根群。

（2）重剪（锯）回缩，重新培养树冠

主枝、副主枝按 $100\sim150$ cm 高度分别留桩重剪或锯断，促使剪口下潜伏芽萌发，通过疏梢、打顶促进生长，形成新的树冠，这是小老树树形改造的关键。回缩重剪或重锯要注意保护剪口，防止伤口感染和枯死。各大枝潜伏芽蓄留要按三主枝新树形要求选留，做到大枝稀、小枝密，分布合理，从属分明，防止竞争生长。

（3）开天窗引阳光，培养内膛结果母枝

小老树主枝太多的，要分批疏除，通过开天窗引进阳光，促使内膛潜伏芽萌发。这里要特别注意，开窗不是开膛，要引进柑橘生长所需强度的阳光，促使内膛萌发大量的短枝，短枝生长中庸粗壮而不徒长，将这些短枝培养成为优质的结果母枝。

（4）加强肥水管理，发挥树形改造作用

小老树的树势弱、长势差，经重剪回缩重发的枝梢多，这就需要较好的肥水管理相配合，才能发挥树形改造的作用。除改土施基肥外，生长季的每次梢都要及时追施速效性肥，尤其需要适量增加速效性氮肥的施用量，这对促进枝梢快速生长是十分必要的。

（五）老树形改造与品种改良

有的果园不但树形要改造，品种也要改换。这时我们要将树形改造与品种改良相结合进行。柑橘通过高接换种进行品种改良，近几年在各产区应用较普遍，也积累了很多成功经验。

1. 确定高接换种树

首先要按树形改造的密度要求确定高接换种树，保证凡是高接的树都是今后的永久树，不会出现高接换种树长起来后又砍的无效劳动。按树形改造要求，永久树的株距不得小于 3 m。

2. 选留砧枝数高接

按树龄和树冠大小确定每个换接株，2～3 年生树高接 3～5 个芽，砧枝高 50～60 cm；4～5 年生树高接 6～8 个芽，砧枝高 80～100 cm；10 年生以上的大树高接 8～10 个芽，砧枝高 100～120 cm（图 9 - 18）。砧枝高度和接口粗度按树冠大小和树骨干枝粗度确定，一般以直径 3～5 cm 为宜，伤口太大愈合慢，易造成换接枝倒裂。

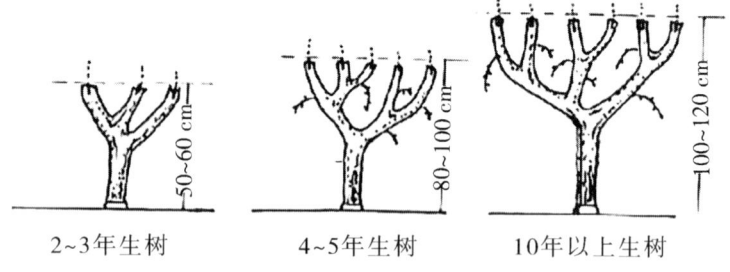

2～3年生树　　　4～5年生树　　　10年以上生树

图 9 - 18　高接换种留砧枝示意图

3. 蓄留辅养枝

1～2 年小树换种，可以不留辅养枝，3 年以上的大树高接换种，一定要留辅养枝。辅养枝以留换接砧枝下部为好，留 3～5 个生长中庸的斜生枝，勿留直立枝。直立枝会生长旺，平直、下垂枝潜伏芽容易萌发徒长枝。有的高接换种把中心主干枝留为辅养枝，这是不恰当的，会严重抑制高接枝的生长。

4. 换接树形培养

高接芽成活后，让其自然生长。视高接芽生长情况，采取疏芽、疏梢、摘心等措施，促使多分枝，增加分枝级数，使树冠早成形，果树早结果。整形修剪按"三主枝"树形要求，高接第二年疏除多余的砧枝，保持"三主枝"的树形结构（图 9 - 19）。后续主枝、副主枝的培养均按"三主枝"树形方法进行管理。

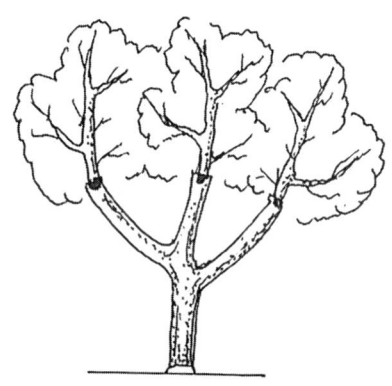

图 9 - 19　高接换种树形示意图

四、树形改造实例分析

（一）老方法树形改造

在 1990 年至 2010 年间，永州市曾进行过两次以树形改造为主的柑橘低改，第一次是在回龙圩管理区八仙洞果园，第二次是在东安县白沙果园。改造的树为 20～30 年生的中熟温州蜜柑尾张，种植密度为 3 m×3 m。

1. 改造前树形状况

由于种植密度大，果树进入盛果期后，出现了树冠郁闭、树体交叉严重、树冠通风透光差的情况，致使日常的喷药、施肥等管理工作不便。由于光照不足，导致果实品质大幅度下降，病虫害滋生，树冠内膛和下部枝条枯死，形成空膛，果树失去结果能力，结果部位上移或外移，产量也逐年下降。

2. 树形改造方法

（1）锯平超高主枝

果农认为树太高是密闭的主要原因，因此对高 1～1.2 m 以上的树体主枝全部一刀切锯平，降低树冠高度，重新培养新树冠（图 9 - 20）。

（2）促隐芽萌发

通过留下枝，促使隐芽萌发，形成新树冠，生长结果。

3. 改造效果

回龙圩管理区和东安县老树形改造后短期解决了树体郁闭现状，改善了通风透光条件，提高了果树产量和果实品质。但由于改造方法不对、改造配套措施不到位，改造后八仙洞果园果树维持了 3～4 年结果，白沙果园只维持了 2 年。此时果树树冠主枝上抽发大量徒长枝，由于顶端优势，造成枝梢徒长更密挤，树冠更加郁闭，果树结果少，产量低，果实品质差。最终两个果园改造均失败，几年后果树全部被砍伐改种。

（二）新方法树形改造

近年来，全国各产区逐渐形成了很多成功的修剪技术方法，其中江西钟善东推行的"钟式修剪法"备受果农好评，永州市江永县粗石江镇香柚园按照"钟式修剪法"进行修剪管理，改造 28 年生沙田柚树，改造面积约 35 亩。

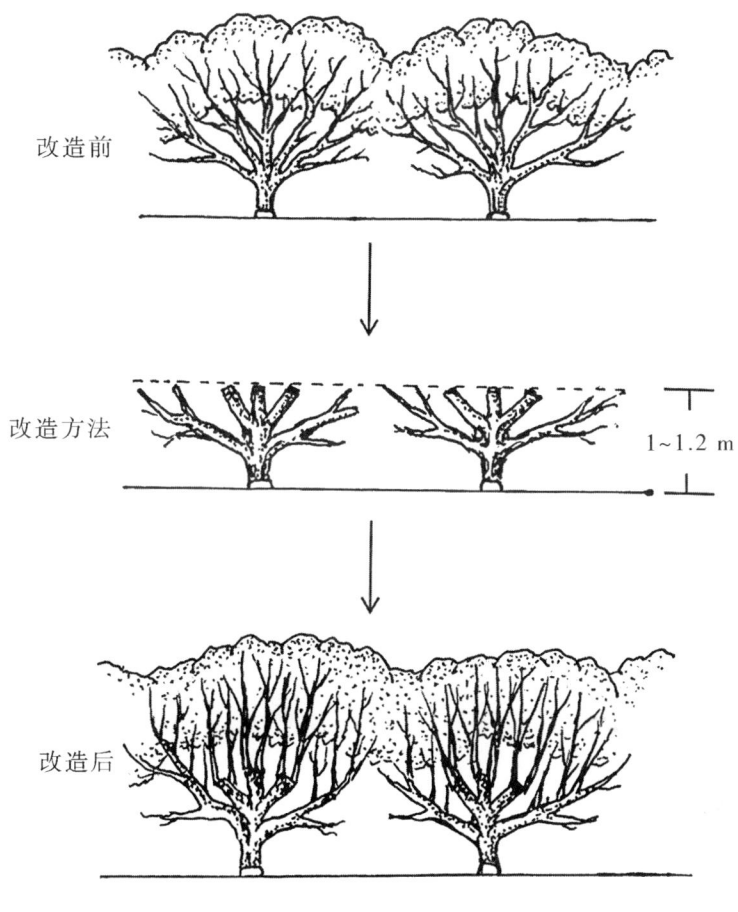

图9-20　树形改造老方法示意图

1. 树形改造方法

（1）调整骨架

根据树形情况保留3~5个主枝，使主枝在各个方向分布均匀。通过开天窗，打开上部空间，引进阳光，保证内膛都能见阳

207

光，增强叶片的光合作用能力（图9－21）。新的树形改造方法，疏主枝只疏不截，因为短截回缩会造成严重的顶端优势，会妨碍中下部新梢的萌发和生长。

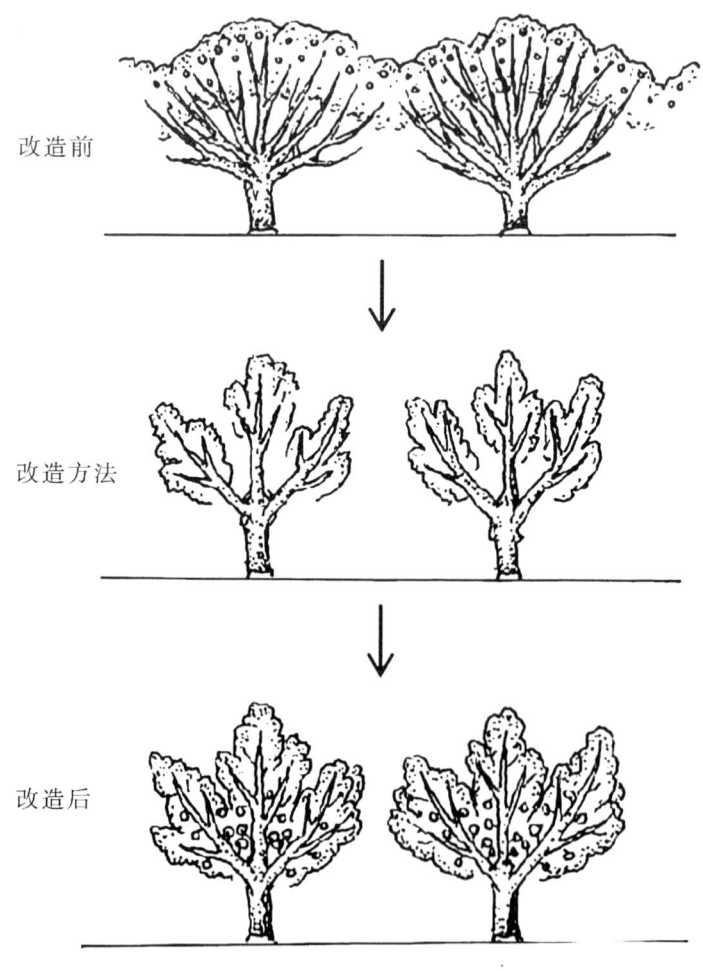

改造前

改造方法

改造后

图9－21 树形改造新方法示意图

（2）控旺促梢

控制顶部旺长枝条，促进潜伏芽萌发，形成大量的短枝，将短枝培养成为结果母枝，使结果部位集中到树体中下部，形成上小下大的合理树冠。

（3）合理分层

采用去强留弱的方式，疏除基部竞争枝、徒长枝、交叉枝和下垂枝，合理调整枝条的分枝角度，使各枝条错位生长，形成大分层树形结构。

2. 改造效果

江永县粗石江镇香柚园按照"钟式修剪法"进行改造，重点在大枝修剪及骨架调整，不用具体到每个细节，改造后做到了"大枝少，小枝多，通风透光，主次分明，上下不重叠，左右不拥挤"。此果园主人于 2021 年参加钟式修剪班，该园在 2022 年遭遇极端干旱天气的情况下仍稳产，2023 年果园年产量达到 12.5 万 kg，增产了 3.5 万 kg，产量同比增长 38.9%，且果实品质明显提升。目前来看，该园的结果性能表现很好，未来还有很大的增产潜力，但改造后机械设备难以进入，机械化水平较低。该园是贯彻钟式修剪的示范园，强调根据柑橘树的生长特性来制订修剪策略，通过修剪调节树体内源激素、碳氮平衡，合理地调整枝条分布和花芽分化，做到每片叶子都能见光，以达到最佳的生长效果。

五、树形改造成效及应用前景

（一）改造效果

通过树形改造及其配套管理措施，调整了树体生长势，使树形更加合理，树冠通风透光，病虫害减少，柑橘品质及产量大大提高，延长了柑橘树的盛产期。

1. 树形科学合理

树形改造后，按照三主枝树形培养果树，树体的空间分布得到调整，修剪后的枝条分布合理，错落有序，树冠形成"上空下不空，外空内不空，小空大不空"的空间布局，保证了良好的通风透光条件，改善了树体生长势，增强了果树抗病虫害能力。

2. 操作简单，管理便捷

老树形改造后，主枝、副主枝、侧枝等骨干枝组从属分明，结构清晰，使得修剪、施肥、病虫害防控等管理工作简单高效。同时，结果部位集中在树冠内膛，近干挂果，不用撑吊，减少人工操作，提高果园工作效率。

3. 高产优质，效益好

树冠通风透光条件的改善使树体营养分配更加合理，挂果部位由树冠外围转移到了树冠内膛，实现立体结果，柑橘产量明显增加。根据统计，改造后的柑橘平均亩产增产 20％以上。同时，树形改造后的柑橘果实品质得到了明显提升，果形更加一致，果皮色泽更加鲜艳，口感和风味更加浓郁，果实品质的提升增加了柑橘的市场竞争力，提高了果园经济效益。

（二）推广应用

随着柑橘产业不断发展和市场竞争日益激烈，提高果品质量是生产的关键。柑橘老树形改造技术的应用前景十分广阔，改造老树形可快速提升柑橘的品质，增强其市场竞争力，还可以降低生产成本，提高种植效益，实现柑橘产业的可持续发展。未来，随着科学技术的不断进步和果农管理水平的提高，柑橘老树形改造技术将得到更广泛的推广和应用，这也是我国"三农"致富工程的目标，对乡村产业振兴具有重要意义。

1. 政府高度重视，加大政策支持

政府对柑橘产业的政策支持是全方位的，旨在提高柑橘产业的综合竞争力和可持续发展能力。政府通过财政补贴政策给予柑橘种植户一定的经济补贴，鼓励和支持种植柑橘。这些补贴资金通常用于购买优质种苗和进行技术培训，提升种植户种植技术，实现果树高产、稳产、优质。如江西赣州市政府每年投入一定的资金补贴柑橘种植户，主要用于育苗技术的改进、农事管理的提升等方面；湖南江永县政府通过财政补贴，邀请柑橘技术专家举办树形改造技术培训，提升果农柑橘种植和栽培的管理水平。

2. 强化人员培训，打造修剪团队

农业技术推广能帮助农民应用先进的技术成果以及先进理念，真正提高解决农业经济发展问题的能力。在推广过程中要注重培养人才，将树形改造的技术和理念传授给果农，促进成果转化。在推广过程中要注重推广方式，根据培训对象不同选择不同的培训方式，适当地结合网络资源，开展线上线下培训相结合、理论与实践培训相结合的方式，促进全新的树形改造理念落地生根，使柑橘产业更符合市场发展规律和需求。

3. 助推产业振兴，促进农村经济发展

柑橘是我国种植面积最大、产量最高和消费量最大的水果，是我国农业的骨干支柱产业之一，是当前农民增收、乡村振兴的重要产业。柑橘树形改造对于促进乡村产业振兴和经济发展具有重要意义。通过老橘园提质改造，提高柑橘的产量和品质，提升市场竞争力，增加果农的经济收入，激发农民的生产积极性，推动农村经济的持续发展。同时，柑橘树形改造还可促进农村劳动力的就业，提高农村人口的收入水平，为农村经济的繁荣发展做出贡献。

第十章 柑橘整形修剪与果园管理

整形修剪对柑橘栽培至关重要，柑橘整形修剪能培养科学合理的树形，使得树冠通风透光，叶光合效率高。而果园管理则是整形修剪的基础和保障，加强果园管理可以提高树体的生长势和抗逆性，为整形修剪创造有利条件。

在柑橘种植过程中，整形修剪是果园管理的重要工作。它不仅影响柑橘树体的生长发育，更直接关系到柑橘的产量和品质。所有整形修剪都要与果园管理措施配合，尤其是土肥水管理和病虫害防治，不然就达不到应有的修剪效果。因此，我们进行柑橘整形修剪，必须同时搞好果园管理，才能发挥整形修剪作用。

一、整形修剪与土壤管理

整形修剪与土壤管理在柑橘栽培中是相互依存、相互促进的。整形修剪能够改善树冠通风透光条件，减少病虫害的发生，从而减轻土壤管理的压力。同时，整形修剪可以调整树体结构，使树冠更加紧凑，有利于土壤水分和养分的集中管理。此外，整形修剪还能够促进树体更新复壮，延长树体寿命，为土壤管理提供更多的时间和空间。良好的土壤管理能够为柑橘树提供充足的养分和水分，促进树体健康生长，为整形修剪提供良好的基础。两者协同作用，可以最大限度地发挥柑橘树的生长潜力。

（一）柑橘根系特性

1. 柑橘根系的分布

柑橘根系的分布受到砧木、树龄、土壤质地、水分和养分等多种因素共同影响。生产上常用的砧木是枳，枳的水平根和须根较发达，垂直根生长较弱，能吸收大量养分且便于树体控制。柑橘根系集中在浅土层，主要分布在表层土下 60 cm 的范围内。须根分布一般 20～40 cm 深，当土壤质地坚实时须根分布只有 20 cm 深，通过深耕改土，可扩大根系的生长范围，在 100 cm 深的土层中生长良好。

2. 根系的生长

中亚热带地区柑橘根系一年有三次生长高峰，与地上枝梢交替进行。通常每次新梢（春、夏、秋）停止生长后，根系进入生长高峰。第一个生长高峰在春梢停止生长至夏梢抽发前，此时柑橘根系活跃、发根最多、生长旺，根系大量吸收营养，促进夏梢的抽发。第二个生长高峰在夏梢停止生长至秋梢抽发前，此时柑橘根系生长速度快，发根较多，分布范围进一步扩大，为果实生长和发育提供能量。第三个生长高峰在秋梢老熟后，此时根系生长依然迅速，为来年树体生长储存养分。

3. 根系与地上部分的关系

柑橘根系生长与地上枝叶生长表现出相关性。主根垂直生长旺盛、粗壮，地上部分直立性强，树体具有更强的生长拉力，树冠生长得高大。水平根发达，地上部分的直立性较弱，树冠易开张、宽广。在生产上，我们可利用这种相互依存、相互制约的关系，通过改良土壤理化性质、提升土壤肥力、扩大根系分布范围、促进根系更新复壮，给老树形改造、树冠大枝回缩更新修剪提供可能性。

（二）柑橘根系适宜生长的土壤环境

土壤是柑橘进行能量和物质交换的重要场所，柑橘的生长发育直接受到土壤物理性状、化学性状和生物性状的影响。良好的土壤性质是种好柑橘的关键，只有在具有良好的理化性质和生物性的土壤环境下，柑橘才能根系发达、生长旺盛，最终达到高产稳产、品质优良的目的。现将柑橘根系适宜生长的土壤环境介绍如下。

1. 物理性状

柑橘根系在土层深度达 100 cm，有效土层即松土层≥60 cm，土壤疏松通气，孔隙度≥50%，土壤三相（固、液、气）合理，土壤含氧量≥3%的土壤环境下生长良好。

2. 化学性状

柑橘是微酸性作物，最适宜的土壤 pH 值为 5.5～6.5，土壤有机质≥1%，含氮 0.1%～0.15%。速效磷10～15 mg/kg，速效钾 50～100 mg/kg。

3. 生物性状

未经改良的土壤中大多存在着土壤板结、pH 值偏高或偏低、土壤肥力差等问题，此类土壤都是原土，是死土，阻碍了柑橘的正常生长。我们可以通过加入各种有益生物菌的方式改善土壤的理化性质，在土壤生物和土壤微生物的共同作用下，原本的死土会逐渐变为适宜柑橘生长的优质"活土"。

当土壤管理不理想时，根系活性受到抑制，树体也生长不好，既增加了整形修剪的难度，又影响了柑橘整形修剪效果。因此，我们应当重视土壤管理，采取一系列的措施对土壤进行改良，为构建健康植株、优化树体结构、确保丰产稳产打下坚实的基础。

（三）柑橘根系生长与整形修剪的关系

柑橘根系生长良好是整形修剪的前提。柑橘根系发达，地上部分生长繁茂，整形修剪的作用才得以显现。二者的关系如下：

柑橘根系影响着柑橘对养分的吸收能力，从而影响柑橘树形和生长势。当柑橘根系发达时，吸收养分能力强，树体生长快速，易形成健壮的枝梢、良好的树体和合理的树冠。当柑橘根系发育不良时，吸收养分能力差，树体生长缓慢，枝梢生长困难，树体难以扩大，树冠结构松散。柑橘根系活力也是影响整形修剪效果的重要因素。根系活力强，树体生长潜力大，修剪后能快速抽发新枝梢，生长势恢复快；根系活力弱，树体生长潜力小，修剪后枝梢生长缓慢或不生长。

整形修剪也可反作用于柑橘根系，加快柑橘根系的生长。通过回缩、疏梢和断根等方式，可有效地减少无用枝的营养生长，减轻树体负担，刺激树体产生更多生长素，诱导侧根发出，增强枝条的生长势，加快树体恢复，保证柑橘整形修剪效果。经过整形修剪后，树体变得立体透光，土壤表面光照增加，这使得土壤生物有了良好的生存条件，加快了土壤微生物的繁殖，提升了土壤肥力，进一步增强了根系活性。

（四）做好土壤改良，促进树体生长

永州地区橘园多是红壤，土壤瘠薄，肥力低，过去种植柑橘常常易形成"小老树"。究其原因，就是未做好土壤改良，致使根系生长不正常、树势弱、未到结果树龄却未老先衰，严重制约了柑橘产业的发展。对此，我们应当积极做好果园改造促产，采取撩壕定植、扩壕改土的方式进行土壤改良，采取深沟施肥、打洞埋肥的方式进行土壤施肥，保障树体生长，促进果农增产增收。

1. 撩壕定植

撩壕定植技术是在我国大穴（100 cm×100 cm×100 cm）定植的基础上发展而来的。壕宽 100 cm，深 80 cm，长度随园地而定。撩壕加施有机质、有机肥是促使幼树生长快速成形的土壤改良的有效方法。每株树底层埋稻草或柴草，中层将菜饼肥和钙镁磷肥拌入土壤，表层用表土、熟土或配制营养土定植。这样种植加之充足的肥水，幼树每年多长梢 1～2 次，枝梢生长量大，成形快，结果早。

2. 扩壕改土

撩壕定植只满足根系 1～2 年的生长需求，为了促使树冠增长，则需要对定植壕进行扩大。扩壕改土宜在撩壕定植 1～2 年后进行，每年秋冬进行扩壕改土（彩图 10-1）。为保证柑橘的正常生长，扩壕应分两年完成。第一年改壕下方的土，改土壕宽50～60 cm，深60 cm。扩壕完成后及时施入腐熟或半腐熟有机肥、柴草、作物秸秆等，采用表层土在下、底层土覆盖在上的方法进行回填。对于第二年改壕上方的土，具体操作同第一年。扩壕改土可刺激根系的再生，加快根系更新，促进幼树生长效果明显。

3. 培土栽培

培土是将土覆盖在树体的根部，旨在促发侧根和须根。每年采果后，将含有大量有机质的"肥"土掺入黏性土中，一方面增加了土壤有机质含量，保障树体健康生长；另一方面，"掺土"也改良了土壤性质，增加了土壤的通透性，诱导须根生长。培土栽培可有效促进根系发育和树势增强，为整形修剪创造良好的基础条件。

4. 限根栽培

限根栽培是近几年兴起的一种新型的栽培模式，让柑橘根系限制生长在一个固定的容器中，以调节树体营养生长和生殖生长。生产上常用限根器栽培、化学剂限根和物理隔断法进行柑橘限根栽培。限根器栽培法通常选择直径在 $1\sim2$ m 之间、高度约 60 cm 的限根器，将根系固定在限根器中。化学剂限根法是用化学剂处理土壤表层，再将柑橘种下，进而限制根系生长。物理隔断法是指采用物理隔断材料将土壤进行分隔，以达到限制柑橘根系生长的目的。限根栽培可有效控制柑橘冠幅，减少营养生长，加快生殖生长，促使果实内部糖分积累，提前转色甚至提早成熟。

5. 起垄栽培

起垄栽培可有效提高土壤深处透气性，减少柑橘积水涝害。柑橘起垄栽培时应选择排水良好、土质疏松且含有机质的土壤，根据土壤实际情况确定起垄的高度，一般来说，将土层抬高出地面 0.6 m 以上为宜，形成畦面，再加入改土材料，改良土壤理化性质。起垄栽培使得柑橘大部分根系集中在垄内，实现了控根生长，有效地控制了枝梢生长速度，使树冠大小保持在适宜范围，为整形修剪提供了便利。

二、整形修剪与肥料管理

柑橘是常绿果树，周年生命活动均在进行。施肥对维持树体健壮、提高产量、提升品质有重要作用。在中亚热带地区，冬季柑橘树虽进入休眠期，但这时并未绝对休眠，花芽形态分化正在进行。所以柑橘这时养分不足或缺乏，均会影响生长和结果，会对整形修剪产生影响。

（一）柑橘对肥料的需要

1. 柑橘所需要的营养元素

柑橘生长结果共需12种营养元素——大量元素氮、磷、钾，中量元素钙、镁、硫，微量元素硼、铁、锰、锌、铜、钼。在永州地区红壤种植柑橘，施肥以氮、磷、钾为主，中微量元素以补充镁、锌、硼为主。

氮是促进柑橘生长发育的主要元素，能促进枝梢的生长，促进叶绿素的合成，提高光合作用效率，促进柑橘花芽的分化和成熟；磷的作用是促进柑橘根系发育，参与呼吸作用，增强果树抗逆性；钾的作用是促进柑橘的根系生长，参与调节橘树的水分平衡，促进柑橘碳水化合物的合成和转化，提高叶和果实的品质，增强抗病能力。

对永州柑橘产区影响较大的微量元素是锌，因为永州地区土壤为红壤、酸性土，土壤性质使果树易表现为缺锌。新梢生长需要大量的锌，果实膨大与着色也同样在消耗锌，缺锌极大地影响柑橘生长，新梢短、叶形小，进而影响修剪的效果。为了更好体现修剪效果，放秋梢时就应适量补充锌肥，有利于后期的花芽分化和预防晚熟柑橘枯水。

2. 肥料的种类和作用

（1）有机肥

有机肥是富含多种养分的肥料，包括花生饼、菜饼、动物粪便、植物残渣等。饼肥的作用是促进土壤微生物生长繁殖，改变土壤深层的理化性状，有利于柑橘的根系生长，诱根深入，引根生长。

（2）速效肥

速效肥包括氮素化肥、钾素化肥、氮磷钾三元复合肥等。作用是促进新梢生长，调节营养，保果壮果，增强树势。

（3）叶面肥

叶面肥包括调节型叶面肥、复合型叶面肥、生物型叶面肥等。作用是促进树体氮、磷、钾的吸收，调节柑橘的生长发育，增强叶片的光合作用能力，减少病虫害发生。

施用有机肥是我国柑橘栽培的传统经验，能促进枝梢生长，对增进果实品质效果明显，笔者在育苗上使用也取得了很好的效果。在进行容器育苗时，澳大利亚专家使用了十几种营养元素、多种化肥，育出苗木生长好，不然就会产生各种元素缺乏症状。在我国推广容器育苗技术时，肥料条件不够，没有长效肥和各种微肥，后来我们采用菜饼加普通氮磷钾复合肥，最后育出苗木表现良好，没有缺乏元素的现象。所以，使用有机肥，什么元素都能补充，树也长势良好。而使用化肥，不施或少施有机肥，果树容易产生各种缺乏元素的现象，导致果树生长不良，果实品质不佳。所以柑橘栽培中为了提高果实品质，笔者提倡尽量使用有机肥。

3. 需肥特点

（1）柑橘不同生命期需肥不同

幼年期主要是营养生长，根系、树冠生长迅速，施肥以氮素为主，配合施用磷钾肥；在生长结果期，枝梢生长继续扩大树冠，同时开花结果，除施用氮素肥外适量增施磷钾肥，提高花质，提早挂果；在结果期，树冠基本形成，以开花结果为主，氮、磷、钾平衡施肥，适当增施钾肥。

（2）按树势施肥

树势强，生长旺，可适当控氮，减少施肥量；树势弱则增加氮肥施用量。结果树除注意肥料种类外，还要通过梢果促控调制，才有效果。

（3）按生长期施肥

一年中柑橘的需肥特点不同，幼树以氮为主，促芽长梢施速效性氮素肥，壮梢需补充钾，9月以后停止施氮和施速效肥，以控制发晚秋梢。结果树施肥以有机肥为主，控制速效肥施用，以提高果实品质。

例如，脐橙大果栽培技术：株产50 kg的结果树，一是越冬期株施菜饼5 kg、钙镁磷肥0.5 kg、石灰1 kg；生长期分多次施氮磷钾复合肥2～2.5 kg，撒施或干旱期结合灌喷（滴）施。二是重修剪，减少花量，保持强壮树势，保留强枝挂果，减少养分的无效消耗，集中养分结大果。三是多次严格疏果，减少挂果量，控制产量。

（二）科学施肥，提高整形修剪效果

1. 幼树施肥

（1）改土深施有机肥

幼树定植后1～2年结合扩壕改土，深施柴草、木屑、稻壳、草炭等各种有机质，增加土壤有机质含量，改良土壤物理性状，数量为每株施50～75 kg。每株施有机肥2.5～5 kg，年施25～50 kg，以菜饼、花生饼最好，各种畜粪肥需经无害化处理施用。幼树改土施肥需于9—10月第三次生根高峰前进行较好，越冬期12月至翌年2月也可进行，效果略差。

施肥深度略大于柑橘根系密布区，引导根系下扎，根系吸收的养分多，供给地上部的营养也多，可增加树体营养的积累，提高抗性能力，同时有利于促进花芽分化和新梢生长，形成健壮的树势。

（2）生长期追施速效肥

幼树主要以促进枝梢生长为主，使幼树及早长成大树，形成足量的结果枝组。幼树的生长主要是靠三次梢的生长，分别是春梢、夏梢和秋梢。要让幼树生长又快又壮，施肥时就要保证这三次梢的生长有充足的养分。对于当年的新栽橘树，橘树萌芽后，直到7月，每月施1~2次肥，以氮肥为主；11月重施越冬有机肥。两年以后的幼树，按抽生新梢期施肥，逐年增加施肥量；2月底至3月初施春梢肥，5月上中旬施夏梢肥，7月上中旬施早秋梢肥，11月施越冬肥。弱树在新梢阶段缺肥补肥，以确保三次梢的正常生长。

在萌芽前施肥，有利于新梢萌发和枝条生长健壮，顶芽自剪后到新叶转绿这一阶段施速效肥，可以促进新梢壮实，并有利于促发下一次新梢。所以，每次新梢萌芽前和自剪后都要施1次速效肥，以加快枝梢生长和培养足够的结果枝组。氮肥和钾肥对新梢的生长特别重要，施肥以氮肥和钾肥为主。

（3）喷施叶面肥

幼树枝梢生长旺盛，叶片吸肥功能强，采用叶面肥喷施，成本低、吸收快、效果好。叶面肥以氮为主，施用尿素、氨基酸腐肥、磷酸二氢钾，和镁、锌、硼、钼等中微量元素肥，在每次梢新叶展开后喷施。

2. 结果树施肥

（1）增施有机肥提高品质

结果树随着树龄的增大和结果量的增加，秋梢抽发力弱。而橘树的秋梢，尤其是当年春梢上抽生的二次梢，都是结果性能最佳的结果母枝。为了促使抽生一定数量的健壮结果母枝，在夏季修剪的同时，一定要重施7月肥，这样不仅能促进秋梢生长还可起到壮果的作用。

结果树施肥应保持我国传统施有机肥的经验。每年采果后施用菜饼、花生饼发酵的水肥，按 1%～2% 浓度开环状沟浇施；也可机械开沟干施，未发酵的肥料要与土壤拌和均匀，防止烧根。施肥以氮肥、磷肥为主，促发大量的健壮早秋梢和促进果实膨大，提高果实品质。有水肥一体化设施的可以配合施用，提高肥效，降低施肥成本。

（2）均衡施肥，平衡树势

橘树进入结果期，营养生长与生殖生长达到相对平衡。这种相对平衡维持时间越久，则盛果期越长，因此对结果树的施肥就是要配合各项管理，维持这种相对平衡。如果施肥措施不恰当，管理不及时，破坏营养生长与生殖生长的相对平衡，则营养生长被削弱，树势也逐渐衰弱。结果树树冠一般不再扩大，为了调节营养生长与开花结果的关系，可适时重施肥料，确保有足够的营养枝生长，形成交替结果，以获得较长时间的盛果期。

成年结果树一般年施肥 3～4 次，我国大部分柑橘产区萌芽肥在 2 月中下旬至 3 月施。稳果肥在谢花期施，但要根据树势状况确定施肥量，一般强壮树宜少施，弱树宜适当多施，施肥量以达到叶片深绿而不萌发夏梢为宜，否则会加重生理落果。壮果肥在早秋梢萌发前 25～35 天施，施肥量灵活掌握。越冬肥在 10 月中下旬施用。

（3）控肥控梢，提升品质

控梢是提高柑橘果实产量和品质的重要措施，结果树果实品质与秋梢生长关系密切，施壮梢肥，提高秋梢质量，使秋梢长得稳，花芽分化正常。肥料充足的情况下，树势生长旺盛，秋梢发生多、生长好，果实膨大快，果大、色泽艳丽、风味好。

若树体生长不良、结果多、树势弱，就只能采用控产的方法，通过疏果来提升品质。因为树势弱，秋梢生长会严重影响果实的膨大和着色,所以提升果实品质,应尽量减少秋梢,尤其要防止抽发晚秋梢,这是非常重要的。

三、整形修剪与水分管理

柑橘是需水量大的果树,生长、结果都离不开水。光合作用、呼吸作用和养分营养物质的运输都需要水,一切生命活动都要有水的参与。水分不足和过剩都会影响柑橘的生长和结果,整形修剪也会达不到应有的效果。

(一)柑橘对水分的需要

1. 需水量

俗话说"有收无收在于水",水是柑橘的重要组成部分,了解柑橘的需水规律,适时适量满足柑橘的需水要求,是丰产稳产的重要前提。此外,在科学灌水的基础上,合理的树形能保证柑橘树体更好生长,从而达到最佳的生长效果。

柑橘的不同生长发育阶段对水分的需求也不一样,一般情况下,一棵成年柑橘树的年需水量约为 1 150 mm,其各生长发育期的需水量不同,花芽期(1 月初至 3 月中旬)需水量约为100 mm,开花结果期(3 月中旬至 6 月底)约为370 mm,果实膨大期(7 月初至 10 月中旬)约为500 mm,果实成熟期(10 月中旬以后)约为180 mm。果实膨大期需水量最大,约占全年需水总量的 40%。

2. 需水特点

发芽至幼果期(4—6 月)是柑橘需水的临界期,对水分要求很严格。水分轻微不足会影响叶和枝梢的生长,水分严重不足会导致开花不完全、花期延长,生理落果加重;水分过量会促发大量新梢，延长花期，加剧果梢矛盾和生理落花落果，降低坐果率。

（1）果实膨大期（7—8月）

果实膨大期是树体生殖生长和营养生长的高峰期，此时果树生理耗水量大，是柑橘生长周期中需水量最大的时期。水分不足会导致果实生长缓慢，小果增多，产量与品质下降，也易导致落果，造成树体萎蔫；水分过量会导致果实退酸慢，含水量高，果实品质下降，果实贮藏性能变差。

（2）果实膨大后期（8月下旬至采收期）

果实膨大后期，水分对果实品质影响很大，水分不足无法满足柑橘的生长，影响果实膨大；水分过量会降低果实的含糖量而影响品质，并易造成裂果。

（3）越冬休眠期（采收后至翌年3月）

越冬休眠期柑橘对水分的需求量不大。水分不足会导致橘树落叶，影响翌年的生长发育；水分过量会造成冬梢抽发，消耗树营养，影响柑橘的生长发育。

（二）永州地区降水特点

永州地处湘南，属中亚热带季风湿润气候区，气候温暖，四季分明，雨量充沛。据永州市气象台观测，1981—2010年的统计数据显示，永州平均年降雨量1 426.4 mm，最少年降雨量也有1 000 mm，完全可以满足柑橘生长结果对水分的需要。可降雨分布不均，4—6月是丰水期，降雨量为570.6 mm，占全年总降雨量的40％。而7—9月降水量较少，常年会出现夏秋干旱，一般10～20天，大旱年30～50天，特大干旱年连续100天以上无降雨，这给柑橘生长和果实膨大造成严重影响。

（三）水分管理措施与方法

柑橘生长结果全年都需要水，由于雨水分布不均，所以凡是在建栽培柑橘园时，首先要考虑水源和建设灌溉设施，以保证干旱时有水可灌，有水能灌。

1. 提高抗旱能力

（1）培养发达深根系

柑橘的水平根吸肥，而垂直根是吸水的。培养发达深根系一是要适当修剪多余的根系，特别是水平根，可以促进垂直根的生长和吸水能力；二是通过保护和管理土壤中的真菌，促进菌根的形成和发育，从而提高垂直根的吸水能力，为橘树的健康生长提供充足的水分保障。

永州市柑桔科学研究所三、四工区的两片橘园就因为根系生长不同，抗旱能力相差极大。三工区采用小洞定植，未改土，根系生长只有 20 cm 深，干旱时，虽然每天都用喷灌设施灌水，但到中午叶片还是萎蔫。可四工区采用撩壕定植、扩壕改土后，根系发达，生长深度达 100 cm，吸水力强，干旱 20 天无水灌溉，到中午叶片不卷叶、不萎蔫。这是因为三工区柑橘未扩壕改土，根系生长不良，有水吸不上，吸收量保不住叶片蒸发量，叶片才萎蔫。

（2）提高叶片抗旱力

柑橘嫩叶抗旱能力弱，成熟的老叶抗旱能力强，若是橘树夏秋梢长得多则抗旱性差，因此在水资源不充足的情况下，要减少夏秋梢的抽生，增强树体的抗旱能力。对于已经长出的夏秋梢，要及时进行修剪，以促进叶片成熟，避免其消耗过多水分，影响果实的品质和产量。

（3）树盘覆盖

对于柑橘幼树，采用覆盖方式是提高保水能力的有效方法，覆盖物（稻草、秸秆、地膜等）能够直接减少地面的水分蒸发，从而降低土壤水分的损失，保持土壤湿润；同时，覆盖物还能降低地面温度，为幼树提供更为适宜的生长温度。根系在适宜的湿度和温度下，吸水能力会得到提高，从而有利于柑橘幼树的生长和发育。结果树也可采用覆盖的方式进行保水，尽可能控制枝梢生长，减少蒸发量。

中澳柑橘合作项目澳方 20 hm² 柑橘示范园，采用小穴（30 cm×30 cm）定植，全部安装了微喷灌设施。而中方跟班园采用撩壕（宽 100 cm、深 80 cm）定植，扩壕改土，深施有机肥，夏、秋用稻草覆盖树盘。通过几年的对照观测，澳方示范园在夏、秋连续晴 7 天时，土壤水分还处于饱和情况下，柑橘叶片中午就出现微卷，15 天就萎蔫；而经过扩壕改土加覆盖的中方跟班园，柑橘连续干旱 15 天不卷叶，30 天土壤含水量达到了凋萎系数，可叶片也不萎蔫，各地的试验也证明了这一点。据顾振惠等（1997 年）研究得出，橘园覆盖稻草加开竹节沟蓄水，保水节水效果显著；冯子政（1991 年）研究得出，在树盘覆盖的条件下，果实膨大高峰期，一般干旱年每株浇水 20～25 kg 以抗旱，可基本维持果实正常发育。根据永州市气象台观测，该地区干旱 30 天的年发生概率为 56%，干旱 60 天的年发生概率为 11%，在一般干旱年，只要我们切实做好各种节水栽培技术措施，就能维持柑橘的正常生长和结果。

2. 灌水

（1）灌水时间

4—6 月是柑橘的长梢坐果期，对水分需求极为敏感，此时应注意及时灌水或喷水。

7—8 月是果实膨大期，这个时期柑橘叶片光合作用旺盛，果实迅速膨大，需水量大。那是梅雨过后，容易发生干旱的时期，因此必须及时灌溉。

8月下旬至采收期对柑橘果实品质影响很大，在采收前1个月左右应停止灌水，提高果实糖度和耐贮性，促进花芽分化。

采收后至翌年3月是生长停止期，这个时期气温较低，蒸腾量小，降雨量也少。柑橘果实采收后，树体抵抗力削弱，如果连续干旱，容易引起落叶，影响来年产量。因此，一般应在采收后结合施肥进行灌水。如连续干旱20天以上，应继续灌水一次。

永州地区7—8月干旱正是高温酷热季节，气温高，蒸发量大，一般连续晴7～10天就要开始灌溉。若继续干旱，需3～5天灌一次水，以保持土壤水分含量，田间持水量为50%～60%。

（2）灌水方法

灌溉时尽量使用喷灌、滴灌形式，喷灌和滴灌是现代农业节水灌溉技术的成功方法，能显著提高水资源的利用效率，减少水资源的浪费。根据柑橘的生长需求和水源状况，制订科学的灌溉计划，按时按量进行灌溉，确保柑橘获得充足的水分供应。同时合理利用雨水，在雨水充足的时候，可以适当减少灌溉量，利用雨水为柑橘提供水分。

水肥一体化灌溉是一种科学、低成本、效果好的灌溉方法。这种水肥一体化灌溉技术与整形修剪有机结合，能把修剪效果发挥得更好。在永州地区柑橘幼树放秋梢，结果树培养秋梢结果母枝，正是高温干旱期。有了肥水配合，秋梢就能萌发，生长旺是高产优质的保证。

（3）蓄水

当面临水源不足的情况时，要尽可能寻找水源，根据地质勘探和地下水文调查的结果，选择合适的井位打井，进行蓄水。

对于干旱严重且水资源缺乏的橘园，进行树干刷白，能减轻辐射热，降低柑橘树体温度，减少水分蒸发来保水。同时根据橘园的大小和形状，合理规划并建设园地小型水池，进行小面积储水，也是一种可行的蓄水方法。

3. 控水

以前的柑橘栽培技术只讲灌水、排水，不讲控水，而新技术讲科学用水，就有了控水技术。

（1）控水时间

永州地区柑橘控水从 9 月开始，幼树和早熟品种结果树兴津、宫川略早，9 月初开始控水；中熟品种结果树，如中熟温州蜜柑涟红、海红、尾张，脐橙中的纽荷尔、园丰等，9 月底或 10 月初开始控水。

柑橘控水提质是在成熟前 30～50 天进行，若控水过早，影响果实二次膨大。若控水期短，效果不明显，控水期如果树体叶片出现干旱现象，叶微卷不展，应适当补充少量水分，以保持不卷叶为度，灵活调控。

（2）控水方法

自然控水。一般情况下，永州地区 9—10 月雨水较少，只要停止灌水就可达到控水的目的。

人为控水。人为控水是在结果树下地面铺防渗农膜，把水集中排出，防止渗入土壤；或结合铺反光膜防渗，提升品质效果更显著。

防止抽发晚秋梢的控水。从 8 月下旬或 9 月初开始，树势旺早控；树势中庸或弱，晚控或不控。

没有灌溉条件，或有设施无水灌，或灌水不充足的果园，在夏秋久旱后，9 月中下旬出现连续秋雨，极易抽发晚秋梢，这种情况自然控水就发挥不了作用。对待晚秋梢处理，只能用修剪方法进行，打顶、短截，减少叶片数量，缩短生长期，促使提早老熟。

4. 排水

（1）开沟排水

雨水过后，果园应及时进行清沟排水，确保果园内没有积水现象。对于已经积水的果园，应抓紧开沟排水，防止果园内渍水。

根据果园的地势和排水需求，挖设合适的排水沟。对于地下水位较高的果园，应挖宽 40 cm、深 50 cm 的厢沟，并在果园四周挖宽 50~60 cm、深 60~70 cm 的排水沟，以确保果园内的积水能够及时排出，防止烂根。

（2）起垄

在水分过多的果园中，应进行起垄栽培，起垄的高度离地下水位 1 m 以上，根系生长的松土层深度有 60 cm 以上，以增加土壤透气性，促进根系生长。

（四）合理灌水，发挥整形修剪作用

全国各柑橘产区雨水多少及分布不一样，需根据不同时期的水分情况采取不同的水分管理措施，确保柑橘正常健壮生长和高产优质。

柑橘要抽生健壮的新梢，与水分有密切关系，干旱时，抽梢的时间会推迟，抽生的新梢也会纤弱短小。因此及时灌水有利于促进根系的生长和新梢的萌发，水分充足时，地上部枝梢生长就会旺盛。

1. 幼树

幼树的秋梢是树冠的骨干枝，秋梢生长好，树冠扩大就快，结果初期秋梢是主要的结果母枝，长好秋梢是幼树高产的基础。如果遇干旱放秋梢，就要在准备放秋梢前多次灌水，促使芽萌动，让树体吸收到充足的水分。此时气温高，即使肥料不充足，

229

有足够的水分,秋梢一样能长得好。放梢后,再施肥壮梢,提高秋梢叶片质量,叶片大而厚实,梢壮而不徒长。肥施早了易出现秋梢徒长,叶片宽大而不厚实。干旱期没水灌溉,不要施肥,不要放秋梢。有肥无水,长不出秋梢,发挥不了肥效。

2. 结果树

为了保证结果树树体有足够的叶面积,必须放好秋梢。放好秋梢的关键是水,如果此时有秋雨,秋梢就会萌发,生长好;如果秋季干旱雨水少,除加强以灌水为重点的管理外,修剪上还要采取两项措施:一是剪除树冠上中部外围的大泡果,留下果梗枝,这样易抽发秋梢且生长好;二是短截树冠中上部外围的落花落果枝序,促使潜伏芽萌发,以生长出好的秋梢。秋梢叶片转绿后,要及时控水,防止发生晚秋梢。

针对永州当地常年有秋旱天气的情况,要采取多次灌水,以水促发秋梢,正确处理"促"与"控"的关系,促根起到养叶的作用,进一步促梢,控制肥水达到控梢效果,调整营养生长与开花结果相对平衡,就能使柑橘高产稳产。

四、整形修剪与病虫害防治

(一) 柑橘整形修剪与病虫害管理的关系

1. 整形修剪对病虫害管理的影响

柑橘整形修剪与病虫害关系密切。一是修剪可以培育合理的树形,提升树体抗性。通过"开天窗"、疏除大枝和疏除过密枝的方式,使枝条分布均匀、空间利用合理,有利于树冠的扩大、增强树势、提高树体抗病虫害能力,为柑橘的优质丰产创造条件。二是修剪可以减少病虫源。许多病菌和害虫冬季附着在病叶、病梢、病果中越冬，待到春季天气变暖之际出来为害正常组织，而柑橘冬季修剪能显著解决这一问题。在冬季病虫害发生低峰期时进行修剪，将病虫枝、冻害枝和枯树枝从基部剪除并运出园外烧毁，以达到减少虫源的目的。三是修剪可以改善树体通透性，减少病虫害的滋生。一些病虫害在郁闭、密集的环境下极易发生，如柑橘蚧虫、煤污病和附生性绿球藻等病虫害，就与果园的通透性直接相关。若修剪到位，树体通风透光，病虫害的发生也会减少。

2. 病虫害管理对整形修剪的影响

柑橘是多年生果树，生长周期长，生长过程中不可避免地会受到各种病虫害的危害。不同病虫害的危害部位不同，不仅会影响柑橘的产量和品质，还可能导致树势衰弱甚至死亡。但毫无疑问的是，所有的病虫害都与整形修剪相关。若病虫害防治不好，柑橘无法长出好的枝梢和叶片，再好的整形修剪技术也没有意义。因此，我们更应该做好病虫害防治工作，提升整形修剪效果。

（二）柑橘主要病虫害种类

1. 主要病害

（1）柑橘黄龙病

柑橘黄龙病是细菌性病害，分布范围遍布全世界 50 余个国家及地区。几乎所有柑橘品种均能感染柑橘黄龙病，柑橘黄龙病的发生规模与柑橘木虱的虫口数紧密相关。总体来看，柑橘木虱数量越多，越容易携带黄龙病菌，越容易导致柑橘黄龙病的发生。柑橘木虱在田间喜食嫩梢和嫩芽，当柑橘抽发新梢时，必须着重防治柑橘木虱。

（2）柑橘溃疡病

柑橘溃疡病属细菌性病害，该病危害柑橘叶片、枝梢和果实，影响柑橘表皮外观，严重时造成柑橘大量落叶、落果。同等情况下，柑橘溃疡病在幼树和苗木中发生较严重，此阶段的树主要以营养生长为主，一年抽发多次梢，增加了感染柑橘溃疡病的概率。老枝、老叶和生长60天以上的果实不易感病。

（3）柑橘树脂病

柑橘树脂病是一种真菌性病害，其危害部位集中在树干和树枝上，造成干枯或流胶，影响树体结果，严重时还会致使树体死亡。在树体衰弱、受到机械损伤和冻害、树龄大、管理粗放的果园中更容易发生柑橘树脂病。

（4）柑橘炭疽病

柑橘炭疽病是柑橘生产上最常见的病害之一，在柑橘各个生长期均能发生。柑橘炭疽病可引起叶片掉落、枝条干枯、果实腐烂，直接造成柑橘减产。

（5）煤污病

煤污病属寄生真菌性病害，病害发生后会在叶片、枝条和果实表面出现灰黑色小霉斑，后续扩大形成黑色或暗褐色霉层。煤污病与果园种植密度有直接关系，当果园柑橘密集、树冠枝叶密生、通风透光不良时，煤污病易发生。

2. 主要虫害

（1）橘小实蝇

橘小实蝇是国际上重要的检疫性害虫，遍布我国各个柑橘产区。橘小实蝇虫害以幼虫为主，常常造成果实腐烂发臭，并大量脱落。主要为害柑橘早中熟品种，对柑橘产业造成巨大影响。

（2）柑橘红蜘蛛

柑橘红蜘蛛又称柑橘全爪螨，是柑橘生产上最常见的害虫之一，主要为害柑橘苗木和幼树，使得叶片和果实灰白，引起落叶和落果。永州地区的柑橘红蜘蛛每年有两个活跃高峰期，若防治不好，会严重影响树势和枝梢生长，虫害严重的枝梢生长量少，重新修剪都长不出新梢。

（3）柑橘潜叶蛾

柑橘潜叶蛾，俗称鬼画符、绘图虫，活动范围广泛。柑橘潜叶蛾幼虫潜行在叶片和嫩茎背面取食叶肉，造成叶肉卷曲变硬，使叶背出现弯弯曲曲的通道。柑橘潜叶蛾在永州地区一年发生10～12代，主要为害夏梢、秋梢，虫害程度与发梢整齐度有直接关联，发梢不整齐时，为害严重。

（4）柑橘蚧虫

我国目前发现的柑橘蚧虫有 50 余种，在永州地区发生较严重的有黑点蚧、矢尖蚧和糠片蚧。受到柑橘蚧虫害后的叶片干枯卷曲，枝条干枯凋零，树势变弱，结果性能差，果实品质也受到极大的影响。通风透光不良，是柑橘蚧虫发生的重要原因。

（5）柑橘蚜虫

柑橘蚜虫是柑橘生产上常见的害虫，其中对柑橘为害比较严重的是橘蚜、橘二叉蚜、绣线橘蚜和棉蚜等。柑橘蚜虫吸食过的嫩梢或嫩叶会卷叶、皱边、发脆，严重时致使新叶干枯和枝梢掉落，柑橘蚜虫的分泌物还是煤污病的诱因，致使叶片发黑、树体不透光，影响柑橘产量。

（6）柑橘锈壁虱

柑橘锈壁虱在我国各柑橘产区都有发生，各种柑橘均受其害，以红橘和甜橙的虫害最严重。柑橘锈壁虱主要为害叶片、枝条和果实，使得叶片脱落、果实变小、果皮粗糙油黑，降低果实品质。

（7）柑橘粉虱

柑橘粉虱主要为害叶片，严重时使叶片脱落、枝梢干枯。柑橘粉虱分泌的蜜露还会引发煤污病，受害叶片光合作用弱。

（三）柑橘病虫害综合防治

1. 农业防治

农业防治旨在通过合理的技术措施，营造出适宜柑橘生长的环境，进而提高柑橘的抗性，合理的农业防治措施可有效地防治柑橘病虫害。一是选择优质无病种源，应选择健康未携带病毒的母本树接穗育苗，采用网室栽培保障树体健壮生长。二是做好土壤管理，定期对果园土壤进行监测，及时采取深翻地、施有机肥等措施进行土壤改良。三是加强肥水管理，根据柑橘生长及需肥特点，及时做好养分和水分的补充，保证水肥供应，增强树势。四是合理修剪，结合修剪去除携带病菌和病虫的叶和枝梢，可有效减少越冬虫数量；及时抹除零星夏梢，并结合病虫害发生低峰期，统一放出整齐新梢，可有效防治柑橘潜叶蛾；及时采取剪掉枯枝、刮去冻伤组织、挖掉冻死树等方式可防止柑橘树脂病和柑橘炭疽病的发生。

2. 物理防治

物理防治是利用害虫对光、色、味的趋性，对害虫进行诱杀，主要的防治方法有频振式诱杀灯、挂黄板、人工捕捉、糖醋液引诱等。应针对不同害虫的习性，在其发生期采取不同的方式进行防治。如在防治橘小实蝇时，可采用挂黄板的方式，每2～3棵树悬挂一片黄板，能有效减少虫口基数；天牛和金龟子的防治可采取人工捕捉；利用防虫网室栽培能有效地隔绝柑橘木虱的传播，减少柑橘黄龙病的发生。

3. 生物防治

生物防治是利用病虫害的天敌进行防治，达到"以虫治虫"

"以菌治菌"的目的。生物防治具有效果显著、成本低、对环境影响小等优点，是近年来广泛应用的防治手段。在螨类害虫的防治上，常常会采用释放捕食螨的方法；针对柑橘蚜虫，可用寄生蜂、瓢虫等天敌来进行防治；对于柑橘锈壁虱，可通过保护和利用多毛菌进行防治。

4. 药剂防治

药剂防治是利用农药的化学特性，通过灭杀病菌和害虫来控制病虫害的发生。常见的农药类型有矿物农药、植物农药和化学农药三种。常见的矿物农药有硫酸铜、石硫合剂等，常见的植物农药有苦碱水等。在实际生产中，我们应当严格按照绿色食品农药使用准则，选择正规厂家生产的低毒低残留农药，以减少对环境的影响，保障食品安全。

（四）合理利用修剪技术，科学防治病虫害

1. 抹芽放梢，利用低峰期放梢防治柑橘潜叶蛾

柑橘潜叶蛾为害的 5—9 月正是柑橘夏梢、秋梢生长期，夏梢、秋梢是幼树构成树冠的骨干枝，夏、秋生长的数量和质量，会影响幼树成形的速度和质量。这时培养夏梢、秋梢，注意观察虫害情况，采用抹芽放梢技术，利用低峰期放梢，避开虫害期，这是笔者应用得最有效的防治柑橘潜叶蛾的方法。

避开柑橘潜叶蛾虫害抹芽放梢的方法是：在夏梢、秋梢萌芽时，每天到果园观察，选择长、中、短三种芽，观察嫩芽柑橘潜叶蛾虫害的情况，若短芽全部、中芽大半、长芽顶部已有虫害，这表明已进入虫害高峰期，应赶快将新芽抹除，停止放梢；若长芽下部已有虫害，中芽下部有少量虫害，短芽未被虫害，说明虫害高峰期已过，需赶快停止抹芽，此时可以放梢。这种利用低峰期放梢，配合很少的药剂防治，就会获得极好的防治效果。采用

这种方法培养夏梢、秋梢，不打药，虫害比例也只有 20％左右。可在虫害高峰期放梢，每次梢打药 2～3 次，虫害比例也达 50％或更多。

2. 加快转绿缩短嫩叶期，防治柑橘溃疡病

对于易感柑橘溃疡病的柑橘品种，如各种甜橙、脐橙、沃柑等，柑橘溃疡病极难防治，药剂以铜制剂为主，铜制剂易引发红蜘蛛，这是防治幼树柑橘溃疡病的难题。若在各次梢生长期采取集中放梢技术，加强肥水管理，喷施叶面肥，使叶片快速转绿，就可缩短嫩叶期，这样就能减少感染期，减少病害。同时，笔者多年观察经验发现，凡是夏梢、秋梢集中抽发的梢，柑橘溃疡病害少，而零星抽生的少数夏梢、秋梢病害严重。对于这种零星病害梢，应及时剪除处理。

3. 加强内膛枝修剪，保持通风透光，防治柑橘蚧虫和煤污病

柑橘内膛密挤，通风透光不良是各种柑橘蚧虫和煤污病、附生性绿球藻发生的根本原因。而通风透光不良是内膛枝梢密挤造成的，这一连贯关系，破局的第一措施就是加强内膛枝修剪。疏除密生枝、衰弱枝、徒长枝，使内膛通风透光，这是从根本上消除了发生的环境条件。再加上适当药剂防治，这些病虫害就不会发生，或很少发生。

（五）避虫修剪技术

柑橘病虫害已发生，或是通过药剂防治已暂时控制了病虫害时，可通过修剪减少为害或避免再次发生为害，这就是避虫修剪技术。

1. 抹除为害梢

柑橘蚜虫在初春 3 月和小阳春 10 月时在永州地区发生虫害，

少量发生时要及时抹除。遭受柑橘蚜虫为害的幼嫩芽卷曲严重，即使打药防治了，幼芽也会生长不良，长出的新梢没有利用价值。对于没有利用价值的柑橘潜叶蛾为害梢，也可采取抹除的方法，不需打药防治或留用。

2. 梢后修剪

可视情况对已受柑橘潜叶蛾虫害的夏梢、秋梢进行梢后修剪，提高枝梢利用价值。

（1）夏梢

上部受虫害时，可剪除虫害部分；下部受虫害时不短剪；全部受虫害时，于发秋梢前短截放秋梢。

（2）秋梢

上部受虫害时，翌年萌芽后视花芽情况修剪，从有叶花芽处短剪；下部受虫害时不修剪；全部受虫害时，若时间早则修剪重发，时间晚则于翌年春视情况修剪。

3. 剪后重新放梢

永州地区放秋梢的最好时期在7月下旬至8月上旬之间，将秋梢展叶期控制在8月中下旬。但生产中有时会出现计划赶不上变化的情况，没能在这个时间段进行放梢，造成枝梢产生大量柑橘潜叶蛾虫害。若新梢的柑橘潜叶蛾虫害比例达70%以上，严重影响秋梢质量时，我们就要考虑重放秋梢，将所有受到柑橘潜叶蛾虫害的和未受虫害的好梢全部剪除，促进新梢重新生长，后续再加强肥水管理，这种晚秋梢在有了足够养分后依然能正常老熟。

参考文献

[1] 中国农业科学院果树研究所. 中国果树栽培学 [M]. 北京：农业出版社，1960.

[2] 周开隆，叶荫民. 中国果树志：柑橘卷[M]. 北京：中国林业出版社，2010.

[3] 邓秀新，彭抒昂. 柑橘学 [M]. 北京：中国农业出版社，2013.

[4] 何天富. 柑橘学[M]. 北京：中国农业出版社，1999.

[5] 陈杰忠. 果树栽培学各论：南方本[M]. 北京：中国农业出版社，2011.

[6] 周常勇. 中国果树科学与实践：柑橘[M]. 西安：陕西科学技术出版社，2020.

[7] 沈兆敏. 中国柑桔技术大全[M]. 成都：四川科学技术出版社，1992.

[8] 吴耕民. 果树修剪技术[M]. 上海：上海科学技术出版社，1959.

[9] 沈兆敏. 柑橘整形修剪图解[M]. 北京：金盾出版社，2004.

[10] 周高全，胡晓华，卢光辉. 柑桔修剪技术[M]. 北京：农业出版社，1989.

[11] 谢深喜. 图解柑橘整形修剪[M]. 北京：中国农业出版

社，2010.

[12] 淳长品. 柑橘高产优质栽培与病虫害防治图解[M]. 北京：化学工业出版社，2022.

[13] 郑朝耀. 郑朝耀 50 年柑橘种植经验[M]. 长沙：湖南科学技术出版社，2017.

[14] 三轮正幸. 图解柑橘类整形修剪与栽培月历[M]. 赵长民，译. 北京：机械工业出版社，2019.

图书在版编目（CIP）数据

柑橘整形修剪新技术图说 / 郑朝耀主编. -- 长沙：湖南科学技术出版社，2025. 1. --（柑橘种植技术专家谈）. -- ISBN 978-7-5710-3105-3

Ⅰ. S666.05-64

中国国家版本馆 CIP 数据核字第 2024KQ0918 号

GANJU ZHENGXING XIUJIAN XINJISHU TUSHUO

柑橘整形修剪新技术图说

主　　编：郑朝耀
出 版 人：潘晓山
责任编辑：张蓓羽　欧阳建文
出版发行：湖南科学技术出版社
社　　址：长沙市芙蓉中路一段 416 号泊富国际金融中心
网　　址：http://www.hnstp.com
湖南科学技术出版社天猫旗舰店网址：
　　　　　http://hnkjcbs.tmall.com
邮购联系：0731-84375808
印　　刷：长沙市宏发印刷有限公司
　　　　　（印装质量问题请直接与本厂联系）
厂　　址：长沙市开福区捞刀河大星村 343 号
邮　　编：410153
版　　次：2025 年 1 月第 1 版
印　　次：2025 年 1 月第 1 次印刷
开　　本：880 mm×1230 mm　1/32
印　　张：8
插　　页：8 页
字　　数：205 千字
书　　号：ISBN 978-7-5710-3105-3
定　　价：30.00 元

出 版 人：潘晓山
责任编辑：张蓓羽 欧阳建文
责任美编：彭怡轩
封面设计：罗志义

《郑朝耀 50 年柑橘种植经验》

ISBN 978-7-5710-3105-3

定价：30.00 元